交互网页设计

□ 主　编　曹世峰
□ 副主编　胡　珍　刘　佳　宗　林
□ 参　编　喻　荣　黄　菁　王　芳　刘　璞　李佳龙　杨梦珊
　　　　　朱　璇　吕凯悦　杨颜冰　刘文莉　施　媛　沈新宇

十四五　数字化

高等院校艺术学门类
"十四五"规划教材

A R T   D E S I G N

华中科技大学出版社
http://www.hustp.com
中国·武汉

内 容 简 介

本书包含六章内容：网页设计基础、Flash 网页动画设计、Dreamweaver 网页设计、交互网页设计、交互网页设计综合案例、交互网页设计艺术与赏析。本书从交互网页设计的概念开始阐述什么是网页设计，再从 Flash 网页设计、Dreamweaver 网页设计、交互网页设计、融媒体 H5 及 APP 交互网页设计四个方面来使读者全面加深了解和掌握交互网页设计的设计步骤、设计方式及操作技巧，最后结合交互网页设计综合案例操作过程进行深入讲解和提高。本书既有理论知识，又有实践案例操作，是一本适合交互网页设计学习的教材。

《交互网页设计》课件（提取码为 m6m6）

图书在版编目（CIP）数据

交互网页设计/曹世峰主编．—武汉：华中科技大学出版社，2020.1（2024.7重印）
高等院校艺术学门类"十四五"规划教材
ISBN 978-7-5680-3285-8

Ⅰ．①交…　Ⅱ．①曹…　Ⅲ．①网页制作工具-高等学校-教材　Ⅳ．①TP393.092.2

中国版本图书馆 CIP 数据核字（2020）第 003663 号

交互网页设计　　　　　　　　　　　　　　　　　　　　　　曹世峰　主编
Jiaohu Wangye Sheji

策划编辑：彭中军
责任编辑：段亚萍
封面设计：优　优
责任监印：朱　玢
出版发行：华中科技大学出版社（中国·武汉）　　电话：（027）81321913
　　　　　武汉市东湖新技术开发区华工科技园　　邮编：430223
录　　排：华中科技大学惠友文印中心
印　　刷：广东虎彩云印刷有限公司
开　　本：880 mm×1230 mm　1/16
印　　张：7.5
字　　数：212 千字
版　　次：2024 年 7 月第 1 版第 2 次印刷
定　　价：49.00 元

前言
Preface

　　随着大数据时代逐步迈入实质性阶段,互联网信息技术已经逐渐渗透至我们生活的每一个领域,深刻地改变着我们的生活方式。特别是当下信息网络移动化和接收终端的高度普及,为商业机构、事业单位乃至个人的信息传播提供了多种可能,同时也催生了一大批新的职业,例如交互设计、UI 设计、网页设计与网站策划、新媒体设计等,极大地拓展了交互网页设计与制作人才的职业范畴。此外,网络技术的普及和平民化趋势,使得更多的人需要了解和掌握这一原理与技术,为此我们编写了此书。

　　全书由四部分、六章组成,第一部分对网页设计的概念、分类、设计流程、设计工具及原则做了详细的讲解,让读者能对网页设计的原理有宏观的认知;第二部分以 Flash 网页动画设计技术为重点,以实际网页动画设计流程为线索,从动画设计元素的收集与整理入手,对网页动画设计、版面整合等内容进行分析,并提供案例供读者学习;第三部分以 Dreamweaver 网页设计操作为中心,分别从 Dreamweaver 网页设计技术和网页设计案例出发,整合软件的应用技巧,详尽解析了不同网页设计案例的特点与制作方法;第四部分以交互网页设计为中心进行讲解,从基础概念到实际交互网页设计、H5 融媒体设计、移动端 APP 网页设计案例操作,分层次进行剖析并供读者实践。本书尽量做到语言简洁、案例翔实,可以作为高等院校视觉传达设计、数字媒体设计、广告设计与制作等相关专业的教学用书,也可以作为交互网页设计爱好者等自学人士的参考读物,有利于他们熟悉交互网页策划与设计的流程,尽快掌握交互网页设计的技能和方法。

　　由于作者水平有限且时间仓促,本书难免存在不足之处,恳请广大读者及时指正,我们将进行有针对性的调整,并在您的帮助下不断完善。

编者

2019 年 9 月

目录
Contents

Jiaohu Wangye Sheji

第一章
网页设计基础

第一节
网页设计概述

　　网页设计是随着互联网的产生而形成的一个新的研究领域。它是以互联网传播技术为基础，以网页为表现形式，在信息传播目标的指导下，运用传播规律和艺术化原则，对网页设计元素进行创造和制作的过程。从表面上来看，网页设计是关于网页编排的技巧和美学应用的方法，而实际上，它绝不像"美工设计"那么简单，它不仅是形式的表现，而且是在大数据时代对潜在受众心理的精确把握，对预定传播信息的创造性组合，对不断推陈出新技术的熟练运用，是科学和艺术的高度整合。这需要我们学生具有更广阔的视野和知识背景，并掌握必要的专业常识和术语。

一、网页设计常用名词与术语

（一）互联网

　　互联网（Internet）又称国际网络，中文译名为因特网，是网络与网络串联成的庞大网络。这些网络以一组通用的协议相连，形成逻辑上的单一巨大的国际网络。任何一台电脑与网络连接后，它便是互联网的组成部分。这种网络没有国界，具有快捷性、普及性和共享性等特点。

　　如今，互联网已经成为我们生活的一部分，我们通过互联网学习、娱乐、游戏，以及进行商业、社交等活动。如图1.1和图1.2所示，我们可以通过设计个性化的网页来推广自己，也可以通过搜索引擎和专业网站来收集自己需要的信息和资料。

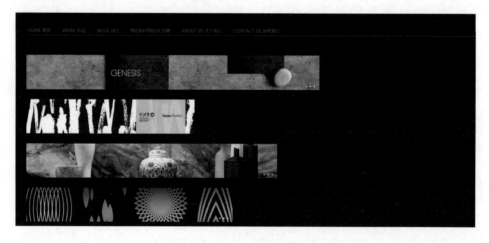

图 1.1　韩家英设计公司推广网站（http://www.hanjiaying.com/index.html）

图 1.2　设计类综合搜索引擎(http://ad110.com/index.asp)

(二)网站

　　网站(web site)又称网络站点,可以理解为多个网页的集合。当然这种集合不是随意的。为了方便访问者搜索和查看,网站一般都按某种结构进行布局,通常包括首页、一级页面、二级页面等逻辑结构,如图 1.3 所示。网站的页面分级一般由网站的类型和内容决定,内容量大、分类多的网站一般页面分级较多,如搜索类网站;相反,内容较少的网站可能只由首页和一级页面组成。纯粹只由主页单独构成的网站基本上没有。网站是新兴的信息传播平台,由网址、网站源程序(包括网页、文档和数据库等)和网站空间三部分构成。

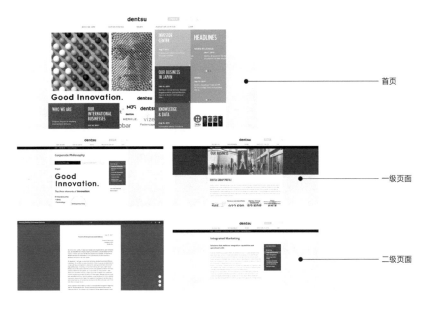

图 1.3　网站结构示意图(http://www.dentsu.com)

首页(home page),是进入网站的第一个页面。它是整个网站风格的体现,通常设计成一个目录性质的页面,以便引导用户浏览网站其他部分的内容。

一级页面,指网站主页链接的页面。为了方便用户查找,一级页面通常按内容进行规划,在设计风格上具有高度统一性。

二级页面,就是在一级页面上的链接。一般是具体网页内容的展示,如果整个网站结构较复杂的话,下面可能还有三级页面,设计风格与上级页面统一。

(三)网页

网页(web page)是构成网站的基本元素,是网站中的任何一个页面,也是承载各种网站信息的平台。网页通常为 HTML 格式,文件扩展名可以是 html、htm、asp、jsp 等,通过网址(URL)来识别与存取,通过网页浏览器来阅读。

从构成元素来看,网页较其他媒介有更多的优势,通常由文字、图形图像、视频、音频等多元素组成,互动性强,具有生动易懂、多重感观的特点,如图 1.4 所示。

图 1.4　网页构成元素示意图(https://www.adweek.com/)

(四)动态网页

动态网页是指使用程序语言设计的交互式网页,一般由 HTML＋ASP 语言、HTML＋PHP 语言或者 HTML＋JSP 语言等写成。动态网页设计又称网页程序设计或网站后台设计。

动态网页的特征是用户在访问的过程中,通过后台数据库与服务器的信息交互,由后台提供实时数据更新和数据查询服务,这给它带来了文件占用空间小的优点。但是,由于要从数据库调用数据,动态网页在用户多的情况下访问速度普遍较慢。它与静态网页的区分标准是网页内容是否可以根据用户的操作而改变。典型的动态页面有购物系统、BBS 论坛等。很多同学对动态网页的认识有个明显的误区,认为 GIF 动画和 Flash 动画等动态的效果都是动态网页,实际上这些动画一旦制作好就不会随着用户的操作而改变,它们都是典型的静态网页,属于网站前台设计的范畴。

(五)网站空间

网站空间(website host),又称为虚拟主机空间,是存放网站内容的空间。它按照空间形式,可以分为虚拟空间、合租空间和独立主机三类。目前大部分企业和机构通过向网站托管服务商租用虚拟主机的方式获得虚拟空间,优点是成本低、维护方便,每年资费在 100～1000 元。而另外两种形式主要由较大的网站,对网络安全和访问速度有较高要求的企业采用,成本较高。

(六)URL

URL 是 universal resource locator 的缩写,正式称谓是统一资源定位符,俗称网址。其作用相当于网络上的门牌号码,是互联网上标准的资源地址。如果一个企业要建立自己的网站,除了设计和制作企业的网页文件、购买安放这些文件的网络空间,还要申请该网页的网络地址,以方便用户能顺利找到这些内容。如"百度"的 URL 是 www. baidu. com。

(七)HTML

HTML 是 hypertext markup language 的缩写,中文译名为超文本标记语言,是制作网页的一种标准语言。与其他可视化网页设计软件不同的是,它以代码的形式进行设计,但可以获得同样的视觉效果。HTML 文档常用的扩展名是 html,由于以前 DOS 操作系统限制扩展名为最多 3 个字符,所以 htm 扩展名也允许使用。早期的 HTML 语法规则定义较为松散,随着技术的发展,官方标准渐渐趋于严格的语法,如 W3C(万维网联盟)目前建议使用 XHTML 1. 1、XHTML 1. 0 或者 HTML 4. 01 标准编写网页,但已有不少网页转用较新的 HTML 5. 0 编码撰写。

(八)HTTP

HTTP 是 hypertext transfer protocol 的缩写,中文译名为超文本传输协议,是互联网上应用最为广泛的一种网络协议。HTTP 最初的设计目的是提供一种发布和接收 HTML 文件的方法,即通过浏览器下载服务器中的网页文件,并临时保存在个人电脑硬盘及内存中供用户查看。它的特点是面向不确定的大多数用户,能将位于全球各地的服务器中的内容发送给他们。也就是说,如果你要查看特定的网页,就必须通过 HTTP。

二、网页设计趋势

传播技术和应用平台的革新促进了传播产业的发展,这为网页设计师和网站开发人员提供了更广阔的创作空间。与此对应的是,网页显示载体的多屏化和移动化发展趋势,对网页设计也提出了新的要求。因此,时下的网站设计因产业环境变迁的需要,不再像传统网页设计那样千篇一律,许多团队和公司都做了很多有益的思考和探索。下面我们通过对传播技术发展的趋势和现实案例的梳理,来分析一下当前网页设计的发展趋势。

（一）响应式网页设计

响应式网页设计是一种能让网页适应不同尺寸显示屏的网页设计技术。它不仅要考虑网页应用到更小的手机屏幕上的效果，还要应对未来生活中"屏幕"的拓展应用。如在国外已发布的未来生活概念中，所有墙壁、玻璃幕墙都能成为"互动显示屏幕"。如何保证网页设计在不同大小的屏幕和分辨率的条件下实现最好的视觉效果，这就是响应式网页设计要解决的问题。因此，当前台式机、笔记本、电视、手机屏幕等多屏合一的发展趋势，以及未来屏幕应用的无限拓展性，都为响应式网页设计提供了广阔的发展空间。

（二）扁平化网页设计

扁平化设计不仅指网页界面视觉效果上的扁平无立体感，也指网页交互体验的扁平化和网页信息架构的扁平化。很多人将界面设计得简洁、平面化的网页理解为扁平化，这只是表层的理解，就像一个产品只靠外观是没有核心竞争力的，所以从本质上来讲，网页的扁平化设计更倾向于交互和信息架构的扁平化，这能让用户在不同的显示载体上进行准确高效的操作。它不仅要求网页界面中的信息直观有序，操作流程尽量减少并且简单，还要求实现多平台的无缝连接。这种设计趋势也是人们生活节奏加快，传播技术导致多屏合一发展趋势下的必然产物。

（三）风格化网页设计

风格化设计也可以理解为个性化设计，是当下网页设计发展的另一大趋势。它的流行有如下三大原因：一是随着经济全球化和商业竞争的白热化，各机构日益注重品牌形象的推广，这为风格化网页设计提供了原始动力。二是新媒体的快速发展为受众获得信息提供了更多的渠道。在海量信息的背景下，传统表现方式已经很难对受众产生影响，所以风格化设计是顺应受众需要的现实要求。三是传播和虚拟现实技术的突破为风格化网页设计提供了技术保障，为其个性化表现提供了发展空间。

（四）滚动侦测网页设计

滚动侦测网页设计是将网页内容按照导航顺序垂直或横向编排，再通过CSS将导航栏固定在网页顶部、侧面或底部，使用户在点击相应导航标签时网页会自动滑到相应页面。这样做的好处是提供了一个无缝的界面，每次点击都无须重新加载页面，因此要比通过点击链接访问各种信息速度更快，也具有更好的视觉效果。另一个好处是我们可以不断加载网站页面而又不需要一个特定的分页样式。唯一需要注意的是，滚动侦测网页设计对设计师提出了更高的要求，因为要在有限的空间内保证内容呈现的完整性和滚动时风格的延续性，设计师在版面设计与色彩搭配上要有较高的水平。

（五）大背景网页设计

大背景网页设计是指采用全屏的设计方式，将图片或视频等作为首页的设计主体，配备少量精心编排的导航文字或者精简的文案来达到突出主题、提供更舒适的视觉感受的目的。这种趋势是由于在海量的信息网络中受众的注意力正在下降,精美的图片和精彩的视频更能引起受众的关注,可以让网站脱颖而出。

第二节
网页设计分类及赏析

一、网页设计分类

网页因分类标准的区别会产生不同的分类方式,通常的分类方式有技术分类法、网站主体分类法和内容分类法三种。

网页如果以设计的编写技术为参照,可以分为动态网页和静态网页。如本章第一节所述,动态网页通常由 ASP、PHP、JSP、Perl 或 CGI 等编程语言制作,经后台服务器运行,能根据不同用户、不同时间、不同操作响应到不同页面。

有一个明显的误区是,很多人将网页上的动态视觉效果等同于动态网页,如含有 GIF、Flash 格式的动画、滚动字母等,实际上这些都是典型的静态网页,它们的动态效果一旦设计好并上传,就是固定不变的,不会根据用户的不同操作在后台数据库进行不同的运作。因此,辨别一个网页是动态的还是静态的,不应该以网页是否包含动态文字或动态画面为依据,而应该参考是否采用了动态程序语言编写和是否经由后台服务器运行。在网页设计中,纯粹 HTML 格式的网页被称为静态网页,它的显著特征是存储于服务器上的网页都是独立且不会在服务器端运行的固定文件。早期的网站一般都是采用静态网页设计制作的。

网站如果以所有者及主体来分,一般分为国家职能部门网站、企事业单位网站和个人网站三种。国家职能部门的网站重点在职能介绍、政策宣传、事务办理以及数据统计与反馈等,设计一般较为简洁正规,以体现其权威性;企事业单位的网站设计多是以商业推广和品牌形象建设为目的,设计大多重视用户体验,注重内容与创意的结合;个人网站多为个人信息推广,一般有着独特的风格特征。

网站如果以内容和传播目的为参照,常规上可以分为门户类、娱乐类、时尚类、产品类、个人类等网站,这也是目前业界广为应用的分类方式。

当然,网站的分类远远不止以上列举的类型,在业界也没有形成高度统一的分类标准,但是我们可以通过对它们的细致分析来了解不同网站设计的方法和要点。

二、网页设计赏析

(一)门户类网页

门户网站(portal site)俗称入门网站或入口网站,指将不同信息源通过归类整理,供用户通过关键字检索或其他方式来筛选并获得相关信息的网站。早期的门户网站主要提供导航和搜索服务,如新浪、雅虎等网站;现在门户网站泛指综合各类或综合某一专业类型信息的网站,如百度、谷歌等一些大型搜索引擎,AD110、财经网等针对某个专业领域的专业型门户网站。此类网站的特点是拥有庞大的信息量和准确的用户资料库,庞大的用户访问量也为其提供了巨大的商机,如图1.5所示。

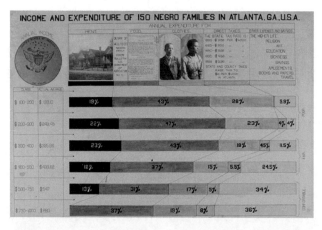

图 1.5　英国设计咨询类综合网站 It's Nice That 首页

(二)娱乐类网页

娱乐是我们上网的主要目的之一,通过网络,我们可以对喜欢的音乐、游戏或者明星进行深入的了解,并以此为乐。事实上,娱乐文化是我们当下流行文化的重要组成部分,如各大卫视的选秀与歌曲栏目、各大游戏公司的游戏开发和推广等,都已经成为我们日常生活中不可或缺的一部分。娱乐网站一方面以超高的用户关注度促进了互联网的繁荣兴盛,同时也带动了相关产业的发展,如广告产业和文化创意衍生产业,因此我们不难理解此类网站的本质所在,如图1.6所示。

图 1.6   北美音乐下载平台 bandcamp 网站首页

(三)时尚及购物类网站

全球在线交易平台 eBay 成立于 1995 年 9 月,由皮埃尔·奥米迪亚开创,是全球最大的 C2C 电子商务网站,其经营方针是为来自各方的个人及小型公司提供一个买卖商品或服务的交易平台。至今,eBay 社区在全球各地已有超过一亿的注册会员。会员在 eBay 流连的时间远超任何其他网站,令 eBay 成为热门的购物网站。目前,eBay 已在许多国家设立了附属网站,包括澳洲、奥地利、比利时、加拿大、中国、法国、德国、印度、爱尔兰、意大利、荷兰、新西兰、新加坡、西班牙、瑞典、瑞士、英国及美国。eBay 还在不断发展,希望为世界每个角落提供在线交易平台服务。

(四)企业展示及产品类网站

WEAR 是日本最大的潮流搭配平台,用户可以从 500 万个时尚搭配当中搜索到最适合自己的搭配和穿搭技巧,轻松收藏喜欢的搭配组合,搭配单品还可以直接线上购买,还能与潮人讨论搭配秘诀,如图 1.7 所示。

WEAR 提供搜索搭配功能,输入单品类型、品牌或着装场合,如"牛仔外套""百褶裙""白色球鞋""NIKE""UNIQLO""参加婚礼搭配"等,就能在 WEAR 中找到合适的搭配。人气模特、艺人和设计师等时尚界名人也参与其中,提供搭配范本。打开软件就能看到最新的热门穿搭,男装、女装、baby 服装,看中了哪个,可以一键关注,将宝贝们拖进自己的收藏夹。是暂存比对,还是筛选后购买,任何想法都能帮你轻松实现。除了达人们的穿搭展示,WEAR 的筛选功能极其强大,服装类型、颜色、品牌这些都弱爆了,发型、年龄、身高甚至是达人们的地区全都可以进行选择,轻松帮你找到你喜欢的那个服饰搭配。

图 1.7　WEAR 网站首页

第三节
网页设计流程

网页设计是以企业定位和传播需要为依据,对企业网站传播活动进行系统性的预测和决策的过程。网页设计是一项极其复杂的综合性系统工程,是在深入了解传播需要的基础上,综合企业需求、受众特征、传播技术和表现风格等进行的。

一般而言,一个完整的网页设计基本上包括项目提案、策划立项、市场调查、网页定位、创意制作、发布推广和反馈改进七个环节。

(一)项目提案

项目提案俗称比稿,是广告、设计机构应企业招标要求提交的业务解决预案,一般有多家机构参与竞争,具有很强的针对性,是设计机构获取业务资源的重要途径。

项目提案机制是随着市场不断成熟而出现的,它一方面能使企业获得高性价比的设计服务,同时也给设计机构营造了更为公平的市场环境,因此成为当下业界普遍采用的商业模式。当然,并不是所有的网站策划都必须具备项目提案环节,如个人网站或预算偏小的网站策划一般都通过指定的设计机构完成。

(二)策划立项

策划立项指企业和设计机构双方达成合作意向,并通过设计合同的方式对网站策划的任务和权限进行明确,以保证项目的顺利实施。

对设计机构而言,立项表明正式获得企业的业务代理权,接下来需要根据业务的类型和大小进行人员调配,如项目经理、程序员、网页设计师、测试员、文档管理员等,成立专门的网站策划小组,开始项目的准备和实施工作。对企业而言,立项表明企业的网站策划正式实施,需要成立专门的委员会与设计机构进行沟通和监督。

(三)市场调查

市场调查是为了让网站获得更好的传播效果,对客户需求、受众特点、传播技术和竞争对手等展开系统深入的研究分析,为后期的决策和设计提供依据和建议。客户调查是对客户的基本资料、特征、需求等信息进行深入发掘,其目的是掌握客户多方面的信息和潜在需求,明确网站策划的目的,形成可以指导创作的创意简报,为客户检验策划成果提供可行性的标准。

(四)网页定位

网页定位是对网站建设目的、传播内容、目标人群、风格特征和技术手段等因素的确定,明确网站的战略发展方向。网站策划一般涵盖在企业品牌战略中,负责对企业的文化、理念、服务和产品进行介绍推广,具有较强的统一性和延续性。因此,网页定位在网站策划流程中至关重要,定位准确与否直接决定网站的生死存亡,也对企业品牌战略的实现影响重大。

(五)创意制作

网页创意制作是指设计人员根据前期定位的要求,对规划好的内容板块、网站各级页面进行风格化的设计,一般涉及风格设计、版式设计、色调设计、交互设计四大要素。前面三个要素主要以视觉表现为主,俗称网站前台设计;交互设计主要展示网页的链接跳转和动态效果,通过编写程序语言实现,俗称后台程序设计。

(六)发布推广

网页发布与推广是指将设计制作好的网站文件上传到网站服务器,让网站成为可供搜索浏览的页面,并通过一些技术手段促使网站被更多的人知道并点击的过程。应该说网站完成设计与发布仅仅是网站策划的第一步,尽快提高网站的点击率和知名度才是网站策划的重要目的。就目前而言,网站的推广一般采用免费推广、互惠推广和付费推广三种方式。免费推广包括搜索引擎注册、DM广告投送、自媒体宣传等形式;互惠推广指网站间的合作,如当下流行的相互链接、友情链接等;付费推广指通过广告的形式进行付费宣传推广。

(七)反馈改进

网页设计的反馈改进是指通过网站测试,收集用户与客户对网站使用后的意见,并进行针对性

的优化的过程。任何设计都不可能一步到位,网站策划作为一个庞大复杂的系统难免会有不合理的地方,而反馈与改进则是查遗补漏的重要环节,目的是尽可能优化网页,提高传播效果。

第四节
网页设计工具

在很多人的概念里面,学习网页设计就是学习网页设计软件的过程,以为学好了网页设计软件就能设计出理想的网站。这当然是非常片面的观点,只看到了网页设计的技术性,而忽视了背后设计观念、应用心理学、市场营销等多领域知识运用的贡献。但这或许也能从侧面说明网页设计软件技能的重要性。"工欲善其事,必先利其器",要想学好网页设计,熟练掌握网页设计软件是不可或缺的前提,否则一切都是空想。因此,从网页设计软件入手学习网页设计是切实可行的。

制作网页的工具有两种类型,一种是所见即所得,这类软件不需要操作者具备很高的程序语言编写能力,软件易懂好学。可以选择 Dreamweaver、Flash、Mugeda、iH5 等,来设计网页。不过很多网页设计师可能更习惯采用 Photoshop 软件替代 Fireworks 软件,来完成图像素材处理和页面的静态布局。

另一种则需要操作者掌握一定的 HTML 编程能力,通过程序语言的编写来实现网页的可视化,如 HotDog Professional、HomeSite、WebEdit 等都是不错的软件。

(一)Dreamweaver

Adobe Dreamweaver(前称 Macromedia Dreamweaver)是 Adobe 公司的著名网站开发工具。它使用所见即所得的接口,亦有 HTML 编辑的功能。可以说,Dreamweaver 是目前应用最广的网页设计软件。它的优点有三个方面:第一是制作效率高,它可以用最快速的方式将 Fireworks、Freehand 或 Photoshop 等文档移至网页上,并且不需离开 Dreamweaver 便可完成与网页设计常用软件和外挂模组的搭配使用,整体运用流程自然顺畅;第二是网站管理快捷简单,Dreamweaver 使用网站地图可以快速制作网站雏形,设计、更新和重组网页;第三是控制能力强,Dreamweaver 是唯一提供 Roundtrip HTML、视觉化编辑与原始码编辑同步的设计工具,它使网页在 Dreamweaver 和 HTML 代码编辑器之间进行自由转换,HTML 语法及结构不变。这样可以让专业设计者在不改变原有编辑习惯的同时感受到可视化编辑带来的益处。Dreamweaver 的不足就是难以精确达到与浏览器完全一致的显示效果,也就是说在所见即所得网页编辑器中制作的网页放到浏览器中是很难完全达到真正想要的效果的,这一点在结构复杂一些的网页(如分帧结构、动态网页结构)中便可以体现出来。

(二)Flash

Flash 是一种集动画创作与应用程序开发于一身的创作软件,为创建数字动画、交互式 Web 站点以及开发桌面应用程序和手机应用程序提供了功能全面的创作和编辑环境。它以流式控制技术和矢量技术为核心,制作的动画具有短小精悍的特点,所以被广泛运用于网页动画的设计中,成为当前网页动画设计非常流行的软件之一。此外,Flash 可以从其他 Adobe 应用程序(如 Photoshop 或 Illustrator)中导入原始素材,快速设计简单的动画,以及使用 Adobe ActionScript 3.0 开发高级的交互式项目,设计制作出互动性很强的主页来。

(三)Mugeda

Mugeda 是专业级 HTML 5 交互网页动画内容制作云平台,拥有业界最为强大的动画编辑能力和最为自由的创作空间,可以帮助专业设计师和团队高效地完成面向移动设备的 H5 专业内容的制作发布、账号管理、协同工作、数据收集等。

(四)iH5

iH5,原为 VXPLO 互动大师,是一套完全自主研发的设计工具,允许在线编辑网页交互内容,支持各种移动端设备和主流浏览器,能够设计制作出 PPT、应用原型、数字贺卡、相册、简历、邀请函、广告视频等多种类型的交互内容。

本 章 小 结

○　　○　　○　　○

对于很多想学交互网页设计的读者来说,最令大家着迷的可能是网页设计的各项软件技巧,这是进行网页设计与制作必须掌握的基本技能。事实上,学好网页设计要掌握的知识不局限在技术层面,它要求设计师具备更高的综合素质,如对网站策划的宏观掌控能力、广阔的专业视野、较强的自我学习能力、良好的审美能力、优良的创新能力以及将创意付诸现实的动手能力。

因此,本章从网站策划的基本常识入手,对网页设计的类型、发展趋势、学习方法、策划流程和设计工具做了简单的介绍,使读者对网页策划有一个宏观而系统的认识,为以后的深入学习奠定基础。

Jiaohu Wangye Sheji

第二章
Flash网页动画设计

第一节
Flash 网页动画基础

一、Flash 介绍

在今天 Flash 不仅可以设计出漂亮的动画,而且还可以通过程序设计,实现复杂的交互功能。在通常情况下 Flash 已经成为多媒体集成工具的一种标准,特别是在网络环境下,充分展现出其小巧、性能卓越的特点。其主要能够完成:

(1)基于网络的广告、宣传片的设计与制作;

(2)多媒体集成工具,多媒体光盘出版;

(3)基于 ActionScript 的程序设计;

(4)作为网络视频标准;

(5)制作网络小游戏;

(6)MTV 及整站系统开发。

二、基本概念

Flash 具有三要素,比较形象的说法是舞台、演员和导演。

舞台:Flash 也称为 Flash 动画或 Flash 影片,相应的就有舞台之称,它是编辑画面的矩形区域。

演员:动画中的角色。我们不妨把这些运动的对象比作"演员":临时演员——绘制的形状、添加的文字等;正式演员——元件或从外部导入的对象。

导演:在 Flash 里导演就是时间轴,我们通过时间轴来控制 Flash 动画。时间轴是由帧与图层(用来管理对象)组成的。

在 Flash 中还包括一些其他的重要概念:

Frame(帧):电影是由一格一格的胶片按照先后顺序播放出来的,由于播放速度较快,看起来就"动"了。动画制作采用的也是这一原理,而这一格一格的胶片就是 Flash 中的"帧"。"帧"其实就是时间轴上的一个小格,是舞台内容中的一个片段。在默认状态下,除第一帧进行数字标示外,还对 5 的整数倍的帧进行数字标示。

Key Frame(关键帧):在电影制作中,通常是要制作许多不同的片段,然后将片段连接到一起才能制成电影。对于制作的人来说,每一个片段的开头和结尾都要做上一个标记,这样在看到标记时就知道这一段内容是什么。在 Flash 里,把有标记的帧称为关键帧,它的作用跟电影片段是一样的,除此之外,关键帧还可以让 Flash 识别动作开始和结尾的状态。比如在制作一个动作时,我们

15

将一个开始动作状态和一个结束动作状态分别用关键帧表示,再告诉 Flash 动作的方式,Flash 就可以做成一个连续动作的动画。

Scene(场景):电影需要很多场景,并且每个场景的对象可能都是不同的。与拍电影一样,Flash 可以将多个场景中的动作组合成一个连贯的电影。当我们开始要编辑电影时,都是在第一个场景"Scene1"中开始,场景的数量是没有限制的。

Symbol(元件):元件是指电影的每一个独立的元素,可以是文字、图形、按钮、电影片段等,就像电影里的演员、道具一样。一般来说,建立一个 Flash 动画之前,先要规划和建立好需要调用的元件,然后在实际制作过程中可以随时使用。

Instance(实例):当把一个元件放到舞台或另一个元件中时,就创建了一个该元件的实例,也就是说实例是元件的实际应用。元件的运用可以缩小文档的尺寸,这是因为不管创建了多少个实例,Flash 在文档中只保存一份副本。同样,运用元件可以加快动画播放的速度。

Library Window(库窗口):用以存放可以重复使用的称为符号的元素。

Layer(图层):图层可以看成是叠放在一起的透明的胶片,如果层上没有任何东西的话,你就可以透过它直接看到下一层。所以我们可以根据需要,在不同层上编辑不同的动画而互不影响,并在放映时得到合成的效果。

图层有两大特点:除了画有图形或文字的地方,其他部分都是透明的,也就是说下层的内容可以通过透明的这部分显示出来;图层又是相对独立的,修改其中一层不会影响到其他层。

ActionScript(动作脚本):ActionScript 是 Flash 的脚本语言,与 JavaScript 相似。ActionScript 是一种面向对象的编程语言。Flash 使用 ActionScript 给电影添加交互性。在简单电影中,Flash 按顺序播放电影中的场景和帧,而在交互电影中,用户可以使用键盘或鼠标与电影交互。例如,可以单击电影中的按钮,然后跳转到电影的不同部分继续播放;可以在表单中输入信息等。使用 ActionScript 可以控制 Flash 电影中的对象,创建导航元素和交互元素,扩展 Flash 创作交互电影和网络应用的能力。

Components(组件):组件是用户化的通过 ActionScript 控制的动画。

三、工具介绍

Flash 工具栏中有很多工具,下面做简单介绍见表 2.1。

表 2.1　工具介绍

工具	工具名称	主　要　功　能
	选择工具	用来点选对象,最为常用,点住对象后可以拖动对象到舞台的各个位置
	部分选择工具	可以用来显示对象的节点,通过调整节点的控制杆就可以直接绘制曲线
	任意变形工具	用来放大、缩小或者旋转对象
	套索工具	用来选取需要选定的范围
	钢笔工具	内有多个选项,主要用来编辑节点。它可以增加或者删掉一个节点,还可以和部分选择工具配合,绘制曲线。钢笔工具在鼠标绘画的实际应用中有很大的作用
T	文本工具	用来编辑文本对象

续表

工具	工 具 名 称	主 要 功 能
＼	线条工具	用来画直线
▢	矩形工具	内有多个选项,可以完成多边形、圆形等矢量图形的绘制
✎	铅笔工具	可以直接绘制线条
✎	刷子工具	可以画色块,也可以直接绘制轮廓
✆	墨水瓶工具	主要用来添加边框的颜色
◌	颜料桶工具	主要用来填充颜色
✐	滴管工具	主要用来配色,它可以吸取一个颜色,从而把这个颜色应用到其他的对象上
▱	橡皮擦工具	用来擦除对象,可以调节橡皮大小、形状还有擦除方式
✋	手形工具	可以拖动当前舞台
🔍	缩放工具	可以缩放舞台的显示比例
✏	笔触颜色	单击可方便快捷地选择笔触的颜色
▥	填充颜色	对所画图形进行内部颜色填充
▦	交换颜色	内有多个选项,比如快速交换轮廓色与填充色等
🔲	紧贴至对象	快速对齐选择对象

第二节
Flash 动画原理与编辑

Flash 可完成多种多样的动画效果。但最基本的动画类型有五类:逐帧动画、形状补间动画、动画补间动画、遮罩动画、引导线动画。

一、逐帧动画

(一)逐帧动画的概念和在时间轴上的表现形式

在时间轴上逐帧绘制帧内容称为逐帧动画,如图 2.1 所示。由于是一帧一帧的画,所以逐帧动画具有非常大的灵活性,几乎可以表现任何想表现的内容。逐帧动画最适合图像在每一帧中都在变化而不仅是在舞台上移动的复杂动画。逐帧动画增加文件大小的速度比补间动画快得多。在逐帧动画中,Flash 会存储每个完整帧的值。

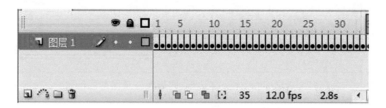

图 2.1　逐帧动画在时间轴上的表现形式

(二)创建逐帧动画的几种方法

1. 用导入的静态图片建立逐帧动画

将 JPEG、PNG、GIF 等格式的静态图片连续导入 Flash 中,就会建立一段逐帧动画。

2. 导入序列图像

可以导入 GIF 序列图像、SWF 动画文件等。

3. 绘制矢量逐帧动画

用鼠标或压感笔在场景中一帧帧地画出每一帧内容。

4. 文字逐帧动画

用文字作为每一帧的内容,实现文字跳跃、旋转等特效。

(三)绘图纸介绍

1. 绘图纸的功能

绘图纸是一个帮助定位和编辑动画的辅助功能,这个功能对制作逐帧动画特别有用。通常情况下,Flash 在舞台中一次只能显示动画序列的单个帧,使用绘图纸功能后,就可以在舞台中一次查看多个帧了。

如图 2.2 所示,这是使用绘图纸功能后的场景。可以看出,当前帧中内容用全彩色显示,其他帧内容以半透明显示,看起来好像所有帧内容是画在一张半透明的绘图纸上,这些内容相互层叠在一起。当然,这时只能编辑当前帧的内容。

2. 绘图纸各个按钮的介绍

绘图纸外观:按下此按钮后,在时间帧的上方,出现绘图纸外观标记,拉动外观标记的两端,可以扩大或缩小显示范围。

绘图纸外观轮廓:按下此按钮后,场景中显示各帧内容的轮廓线,填充色消失。特别适合观察对象轮廓,另外可以节省系统资源,加快显示过程。

编辑多个帧:按下此按钮后可以显示全部帧内容,并且可以进行"多帧同时编辑"。

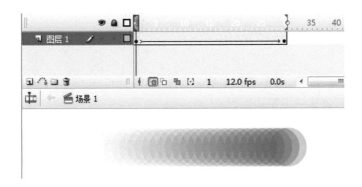

图 2.2 同时显示多帧内容

[·] 修改绘图纸标记:按下此按钮后,弹出的菜单有以下选项。

"始终显示标记"选项:会在时间轴标题中显示绘图纸外观标记,无论绘图纸外观是否打开。

"锚定标记"选项:会将绘图纸外观标记锁定在它们在时间轴标题中的当前位置。通常情况下,绘图纸外观范围是和当前帧的指针以及绘图纸外观标记相关的。通过锚定绘图纸外观标记,可以防止它们随当前帧的指针移动。

"标记范围 2"选项:会在当前帧的两边显示 2 个帧。

"标记范围 5"选项:会在当前帧的两边显示 5 个帧。

"标记整个范围"选项:会在当前帧的两边显示全部帧。

(四)实例:武汉旅游宣传

在前面介绍了逐帧动画的特点和创建方法,接下来将制作一个逐帧动画实例,以加深对逐帧动画的认识和理解。

如图 2.3 所示,图片中汉字"武汉欢迎您!"是一个利用每一帧输入不同的文字而形成的逐帧动画。

图 2.3 武汉旅游宣传

制作步骤如下:

1. 创建影片文档

执行"文件"→"新建"命令,在弹出的面板中选择"常规"→"ActionScript 3.0"选项后,如图2.4所示,单击"确定"按钮,新建一个影片文档。

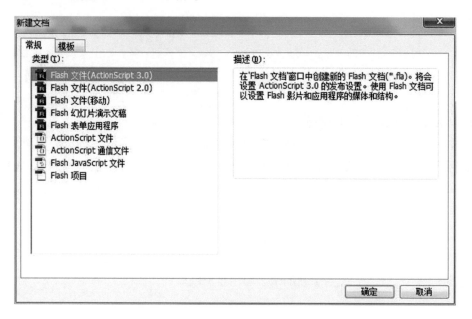

图2.4　新建影片文档

2. 创建背景图层

通过鼠标双击对应图层的图层名称可以为该图层命名。将图层1重新命名为"背景"。选择第一帧,单击右键点"插入关键帧",单击"文件"→"导入"找到背景素材所在的文件夹→"导入到舞台",这样背景就做好了。在第六帧按F5,加过渡帧使帧内容延续到第六帧。

3. 创建文字图层

新建一层,将该层命名为"文字"。选择第一帧,单击文本工具打出文字"武";然后在第二帧单击右键"插入关键帧"(快捷键F6),单击文本工具打出文字"汉"。依照同样的方法,依次打出文字"欢""迎""您""!",如图2.5所示。每一个文字都在不同的关键帧上。

4. 调整对象位置

导入图片后在时间轴上出现连续的关键帧,从左向右拖动播放头,就会看到"武""汉"欢"迎""您""!"依次出现。如果输入的文字序列位置尚未处于要求的地方,在缺省状况下,导入的对象被放在场景坐标"0,0"处,因此需要移动文字位置。

可以一帧帧调整文字位置,完成一个文字移动后记下其坐标值,再把其他文字设置成相同坐标值,此时能够达到每帧内容在相同位置的效果。

也可以通过多帧编辑功能同时移动这些文字:先把"背景"图层加锁,然后按下时间轴面板下方

图 2.5　输入的文字在场景的下方形成逐帧动画

的"编辑多个帧"按钮 🖺 ,再单击"修改绘图纸标记"按钮 🖂 ,在弹出的菜单中选择"绘制全部"选项。最后执行"编辑"→"全选"命令,选择该层上的所有帧。用鼠标左键按住场景中的文字拖动,就可以把 6 帧中的文字一次全移动到需要的位置上了。

5.设置标题文字

新建一个图层,命名为"标题",并保证该层的位置位于所有图层之上。单击工具栏上的文本工具按钮,设置属性面板上的文本参数,可修改文字类型、字体、字号、颜色等,如图 2.6 所示。设置完毕后在舞台适当位置上单击,在出现的文本框中输入所需要的文字即可。

图 2.6　字体属性面板参数设置

6.测试存盘

执行"控制"→"测试影片"→"测试"命令,观察动画效果有无问题,然后可以通过执行"文件"→"保存"命令,将文件保存成"武汉旅游宣传.fla"文件存盘。如果要导出 Flash 的播放文件,可以通过执行"文件"→"导出"→"导出影片"命令,将动画保存成"武汉旅游宣传.swf"文件。

二、形状补间动画

形状补间动画是 Flash 中非常重要的表现手法之一，它可以创造出各种奇妙的、不可思议的变形效果。

（一）形状补间动画的概念和在时间轴上的表现形式

在 Flash 的时间轴面板上，在一个特定帧（关键帧）绘制一个矢量形状，然后在另一个特定帧（关键帧）更改该形状或绘制另一个形状，Flash 根据这两个关键帧的内容创建一个形状变形为另一个形状的动画，这就是"形状补间动画"。

补间形状最适合用简单形状，避免使用有一部分被挖空的形状。形状补间动画可以实现两个图形之间颜色、形状、大小、位置的相互变化，如果使用元件、文字、位图图像，则必须先通过"分离"才能实现变形。

形状补间动画在时间轴上的表现形式如图 2.7 所示。时间轴面板中该层的背景色变为淡绿色，在两个关键帧之间有一个长长的箭头。

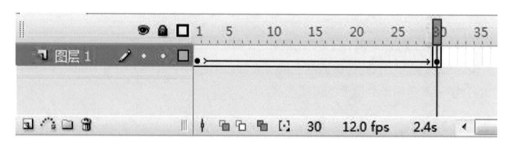

图 2.7　形状补间动画在时间轴上的表现形式

（二）创建形状补间动画的方法

在时间轴面板上动画开始播放的地方创建或选择一个关键帧并设置要开始变形的形状，一般一帧中以一个对象为好，在动画结束处创建或选择一个关键帧并设置要变成的形状，在两个关键帧之间的任意位置单击鼠标右键，在弹出的菜单中选择"创建形状补间"，就建立了"形状补间动画"。

（三）形状补间动画的属性面板

Flash 的属性面板随鼠标选定的对象不同而发生相应的变化，当我们建立了一个形状补间动画后，单击帧，属性面板如图 2.8 所示。

形状补间动画的属性面板上有以下几个参数。

1．"补间"选项

形状补间动画的"补间"选项默认为"形状"，内有"无""动画""形状"三个选项，可相互转换。

图 2.8　形状补间动画属性面板

2.“缓动”选项

该项的值在−100 到 100 之间：

在−100 到 0 的区间内,动画运动的速度从慢到快,朝运动结束的方向加速补间；

在 0 到 100 的区间内,动画运动的速度从快到慢,朝运动结束的方向减慢补间。

默认情况下,补间帧之间的变化速率是不变的。

3.“混合”选项

“混合”选项中有两项供选择：

“分布式”选项:创建的动画中间形状比较平滑和不规则。

“角形”选项:创建的动画中间形状保留了明显的角和直线,适合于具有锐化转角和直线的混合形状。

(四)形状补间动画中的形状提示点

在形状补间动画中,若要控制更加复杂或罕见的形状变化,可以使用“形状提示”。形状提示包含从 a 到 z 的字母,用于识别起始形状和结束形状中相对应的点。最多可以使用 26 个形状提示。起始关键帧中的形状提示是黄色的,结束关键帧中的形状提示是绿色的；当不在一条曲线上时为红色。

1. 形状提示的作用

形状提示会标识起始形状和结束形状中相对应的点,Flash 根据形状提示点的位置在计算变形过渡时依一定的规则进行,从而较有效地控制变形过程。

例如,如果要补间一张正在改变表情的脸部图画,可以使用形状提示来标记每只眼睛。这样在形状发生变化时,脸部就不会乱成一团。每只眼睛还都可以辨认,并在转换过程中分别变化。

2. 添加及删除形状提示的方法

在形状补间动画的开始关键帧上单击,执行“修改”→“形状”→“添加形状提示”命令,该帧的形状就会增加一个带有字母 a 的红色圆圈；相应地,在结束关键帧形状中也会出现一个带有字母 a 的红色圆圈。用鼠标左键单击并分别按住这两个“提示圆圈”,在适当位置安放,安放成功后开始关键帧上的提示圆圈变为黄色,结束关键帧上的提示圆圈变为绿色；安放不成功或不在一条曲线上时,

提示圆圈颜色不变,仍为红色。

删除所有的形状提示可以通过选择"修改"→"形状"→"删除所有提示"来完成。删除单个形状提示,在形状提示上单击右键,在弹出的菜单中选择"删除提示"即可。

3.获得形状补间最佳效果需遵循的准则

在复杂的形状补间中,需要创建中间形状然后再进行补间,而不要只定义起始和结束的形状。

确保形状提示是符合逻辑的。例如,如果在一个三角形中使用三个形状提示,则在原始三角形和要补间的三角形中它们的顺序必须相同。它们的顺序不能在第一个关键帧中是 abc,而在第二个关键帧中是 acb。

如果按逆时针顺序从形状的左上角开始放置形状提示,它们的工作效果最好。形状提示要在形状的边缘才能起作用。在调整形状提示位置前,要打开工具栏中的"紧贴至对象",这样,才会自动把形状提示吸附到形状边缘上。如果发觉形状提示仍然无效,则可以用工具栏上的缩放工具对该形状进行放大,可以放大到 2000 倍,以确保形状提示位于图形边缘上。

三、动画补间动画

动画补间动画也是 Flash 中非常重要的表现手段之一。与形状补间动画不同的是,动画补间动画的对象必须是"元件"或"成组对象"。

运用动画补间动画,可以设置对象的大小、位置、颜色、透明度、旋转等种种属性,配合其他的手法,甚至能做出令人称奇的仿 3D 的效果来。

(一)动画补间动画的概念和在时间轴上的表现形式

在 Flash 的时间轴面板上,在一个时间点(关键帧)放置一个元件,然后在另一个时间点(关键帧)改变这个元件的大小、颜色、位置、透明度等,Flash 根据这两个关键帧的内容去创建中间变化过程的动画称为动画补间动画。

动画补间动画建立前,时间轴上背景色为灰色,如图 2.9 所示。动画补间动画建立后,时间轴面板上的背景色变为淡紫色,在起始帧和结束帧之间有一个长长的箭头,如图 2.10 所示。

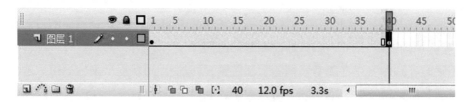

图 2.9 无补间动画时间轴的表现

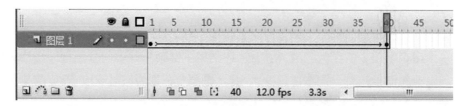

图 2.10 动画补间动画在时间轴上的表现

(二)创建动画补间动画的方法

在时间轴面板上动画开始播放的地方创建或选择一个关键帧并设置一个元件。一帧中只能放一个项目。在动画要结束的地方创建或选择一个关键帧并设置该元件的属性。在两个关键帧之间的任意位置单击鼠标右键,在弹出的菜单中选择"创建补间动画",就建立了动画补间动画。

(三)动画补间动画的属性面板

在时间轴上动画补间动画的两个关键帧之间的任意位置单击,就会出现动画补间动画的属性面板,如图 2.11 所示。

图 2.11　动画补间动画属性面板

1."缓动"选项

该项的值在-100 到 100 之间。

在-100 到 0 的区间内,动画运动的速度从慢到快,朝运动结束的方向加速补间。

在 0 到 100 的区间内,动画运动的速度从快到慢,朝运动结束的方向减慢补间。

在默认情况下,补间帧之间的变化速率是不变的。

2."旋转"选项

有四个选择:选择"无"(默认设置)禁止元件旋转;选择"自动"可以使元件在需要最小动作的方向上旋转对象一次;选择"顺时针"(CW)或"逆时针"(CCW),并在后面输入数字,可使元件在运动时顺时针或逆时针旋转相应的圈数。

3."调整到路径"选项

将补间元素的基线调整到运动路径,此项功能主要用于引导线运动。

4."同步"选项

使图形元件实例的动画和主时间轴同步。

5."贴紧"选项

可以根据其注册点将补间元素附加到运动路径,此项功能也主要用于引导线运动。

(四)动画补间动画和形状补间动画的区别

动画补间动画和形状补间动画都属于补间动画,两者都具有一个起始关键帧和结束关键帧,区别之处在于:

动画补间动画在时间轴上表现为淡紫色背景加长箭头,而形状补间动画在时间轴上表现为淡绿色背景加长箭头;动画补间动画组成元素可以是影片剪辑、图形元件、按钮等,而形状补间动画组成元素是形状,如果使用图形元件、按钮、文字等则必先分离才能实现变形;动画补间动画主要用于实现一个对象的大小、位置、颜色、透明度等的变化,而形状补间动画主要用于实现两个形状之间的变化,或一个形状的大小、位置、颜色等的变化。

(五)实例:仙剑奇侠传

在前面介绍了动画补间动画的特点和创建方法等基本知识,接下来将通过实例加深对动画补间动画的认识和理解。

图 2.12 所示是该动画补间动画中的一个中间过程,在落日的背景下,文字从左侧飞入背景正中,然后文字的边缘出现不同颜色光晕般的变换。

图 2.12 仙剑奇侠传

制作步骤如下:

1. 创建影片文档

执行"文件"→"新建"命令,在弹出的面板中选择"常规"→"ActionScript 3.0"选项后,新建一个影片文档。单击"属性",将舞台的宽和高分别设置为 550 像素和 150 像素,背景色为白色。

2. 设置背景图层

将"图层 1"重命名为"背景"。执行"文件"→"导入"→"导入到舞台"命令,将本例中名为"落日背景.jpg"图片导入到舞台中。用鼠标选中该图片,将属性面板中的宽和高设置成与舞台宽和高相同,即宽 550 像素、高 150 像素。调整图片位置让其边缘与舞台边缘重合。单击"对齐",选择相对于舞台居中对齐,如图 2.13 所示。在第 80 帧处按 F5,加入普通帧,即将背景延续到 80 帧。

3. 创建元件

(1)创建"仙剑奇侠传"文字元件。

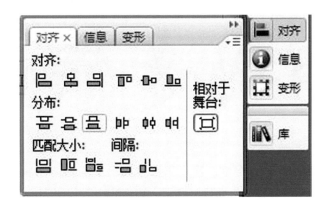

图 2.13　"对齐"属性栏面板

执行"插入"→"创建新元件"命令,新建一个图形元件,命名为"仙剑奇侠传",如图 2.14 所示。

图 2.14　创建新元件

在该元件编辑窗口中单击工具栏上的文本工具T,然后在属性面板上设置文本类型为静态文本,字体为华文行楷,字号为50号,颜色为橘红色,最后在舞台上单击,输入"仙剑奇侠传"5个字,如图 2.15 所示。

图 2.15　输入元件文字

(2)创建"仙剑奇侠传"文字边框元件。

执行"插入"→"创建新元件"命令,新建一个图形元件,命名为"文字边框"。执行"窗口"→"库"命令打开库面板。将库面板中的"仙剑奇侠传"图形元件拖动到该元件编辑窗口的舞台上。选中"仙剑奇侠传"图形元件,然后执行两次"修改"→"分离"命令,将文字分离成形状。在舞台空白的地方单击鼠标,取消对分离形状的选择。在工具栏中选择墨水瓶工具◈,设置属性面板中笔触高度为2,然后单击"仙剑奇侠传"形状的边缘从而添加文字的边框,如图 2.16 所示。

添加边框后,选中橘红色部分,按 Delete 将红色部分删除。若无法选中可用工具栏中的缩放工

27

图 2.16　添加文字边框

具🔍,放大后选择橘红色部分,然后删除。接下来选中舞台上的边框,执行"修改"→"形状"→"将线条转换为填充",最后执行"修改"→"形状"→"柔化填充边缘",效果如图 2.17 所示。

图 2.17　最终文字边框效果

4. 创建动画

回到场景 1 中,新建一个图层并命名为"文字"。选中该层的第 1 帧,执行"窗口"→"库"命令打开库面板。将库面板中的"仙剑奇侠传"图形元件拖动到舞台的中央位置。选中该层第 15 帧后单击鼠标右键执行"插入关键帧"命令,接着选中该层第 80 帧后单击鼠标右键执行"插入帧"命令,然后将第 1 帧的"仙剑奇侠传"图形元件拖出到舞台的左侧,通过属性面板将该元件的宽、高等比例缩放,设置宽为 28 即可。

通过鼠标单击时间轴下的"插入图层"按钮🔲,在场景中再新建一个图层并命名为"边框",将该层置于文字图层的下方。选中该层的第 15 帧,单击鼠标右键执行"插入关键帧"命令,然后执行"窗口"→"库"命令打开库面板。将库面板中的"文字边框"图形元件拖动到舞台上,将其置于"仙剑奇侠传"图形元件的位置处,这样就形成了文字边框的效果。

分别选中该层的第 35、55、75 帧,然后单击鼠标右键执行"插入关键帧"命令。

选中该层第 80 帧后单击鼠标右键执行"插入帧"命令。

选中该层第 35 帧,用鼠标选中"文字边框"图形元件,设置属性面板中的样式为色调、黄色、50%,如图 2.18 所示。按照以上步骤设置第 55 帧为紫色,第 75 帧为黄色。

图 2.18　属性面板

5.创建动画补间动画

在"边框"图层的第 15、35、55、75 帧处分别单击鼠标右键,在弹出的菜单中选择"创建补间动画",建立动画补间动画。建立完成后如图 2.19 所示。

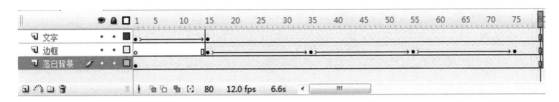

图 2.19　创建动画补间动画

6.测试存盘

执行"控制"→"测试影片"→"测试"命令,观察动画效果有无问题,然后可以通过执行"文件"→"保存"命令,将文件保存成"仙剑奇侠传.fla"文件存盘。如果要导出 Flash 的播放文件,可以通过执行"文件"→"导出"→"导出影片"命令,将动画保存成"仙剑奇侠传.swf"文件即可。

四、遮罩动画

遮罩动画是 Flash 动画中的重要表现形式之一,遮罩动画可以产生许多令人惊叹的神奇效果,比如逼真的水波纹效果、夜晚探照灯效果、炫目的万花筒效果等。

(一)遮罩动画的概念

"遮罩",从字面上理解就是遮挡住下面的对象。那么在 Flash 中要获得聚光灯效果以及过渡效果,可以使用遮罩层创建一个孔,通过这个孔可以看到下面的图层。遮罩项目可以是填充的形状、文字对象、图形元件的实例或影片剪辑。可以将多个图层组织在一个遮罩层之下来创建复杂的效果。简而言之,遮罩动画就是通过"遮罩层"来显示位于其下方的"被遮罩层"中的内容的动画。

"遮罩"主要有两种用途:一种用途是用在整个场景或一个特定区域,使场景外的对象或特定区域外的对象不可见;另一种用途是用来遮罩住某一元件的一部分,从而实现一些特殊的效果。

(二)创建遮罩的方法

1.创建遮罩

在 Flash 中,遮罩层是由普通图层转化的。在对应图层名称上单击鼠标右键,在弹出的菜单中选中"遮罩层",该图层就会变为遮罩层,层图标就会从普通图标 🔲 变为遮罩图标 🔳 ,系统会自动把遮罩层下面的一层关联为"被遮罩层",在缩进的同时图标变为 🔳 。如果想关联更多层被遮罩,只要把这些层拖到被遮罩层下面就行了,多层遮罩动画在时间轴上的表现如图 2.20 所示。

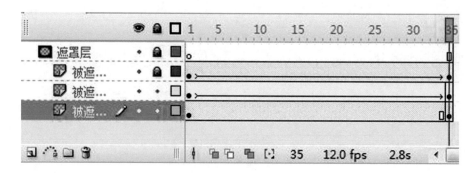

图 2.20   多层遮罩动画在时间轴上的表现

具体做法如下:

(1)选择或创建一个图层,其中包含出现在遮罩中的对象。

(2)选择该图层,然后选择菜单中的"插入"→"时间轴"→"图层"命令,以在其上创建一个新图层。遮罩层总是遮住紧贴其下的图层,因此要确保在正确的地方创建遮罩层。

(3)在遮罩层上放置填充形状、文字或元件的实例。Flash 会忽略遮罩层中的位图、渐变色、透明度、颜色和线条样式。在遮罩层中的任何填充区域都是完全透明的,而任何非填充区域都是不透明的。

(4)在时间轴中的遮罩层名称上单击右键,然后从菜单中选择"遮罩层"。该图层将转换为遮罩层并显示为遮罩层的图标。紧贴它下面的图层将链接到遮罩层,其内容会透过遮罩层上的填充区域显示出来。被遮罩的图层的名称将以缩进形式显示,其图标将更改为一个被遮罩的图层的图标。

(5)要在 Flash 中显示遮罩效果,请锁定遮罩层和被遮住的图层。

(6)要在创建遮罩层后遮住其他的图层,请执行以下操作:

①将现有的图层直接拖到遮罩层下面。

②在遮罩层下面的任何地方创建一个新图层,执行菜单中的"修改"→"时间轴"→"图层属性"命令,然后选择"被遮罩"。

2. 断开图层和遮罩层的关联

选择要断开链接的图层,将图层拖到遮罩层的上面或者选择菜单中的"修改"→"时间轴"→"图层属性"命令,然后选择"一般"。

3. 构成遮罩层和被遮罩层的元素

遮罩层中的图形对象在播放时是看不到的,遮罩层中的内容可以是按钮、影片剪辑、图形、位图、文字等,但不能使用线条,如果一定要用线条,可以将线条转化为"填充"。

被遮罩层中的对象只能透过遮罩层中的对象被看到。在被遮罩层,可以使用按钮、影片剪辑、图形、位图、文字、线条。

4. 遮罩中可以使用的动画形式

可以在遮罩层、被遮罩层中分别或同时使用形状补间动画、动画补间动画、引导线动画等动画手段,从而使遮罩动画变成一个可以施展无限想象力的创作空间。

(三)应用遮罩的技巧

遮罩层的基本原理是:能够透过该图层中的对象看到被遮罩层中的对象及其属性(包括它们的变形效果),但是遮罩层中的对象的许多属性如渐变色、透明度、颜色和线条样式等却是被忽略的,不能通过遮罩层的渐变色来实现被遮罩层的渐变色变化。

要在场景中显示遮罩效果,可以锁定遮罩层和被遮罩层。

不能用一个遮罩层遮蔽另一个遮罩层。

遮罩可以应用在 GIF 动画上。

在制作过程中,遮罩层经常挡住下层的元件,影响视线,无法编辑,可以按下遮罩层时间轴面板上的"显示图层轮廓"按钮□,使遮罩层只显示边框形状。在这种情况下,还可以拖动边框调整遮罩图形的外形和位置。

在被遮罩层中不能放置动态文本。

在一个遮罩动画中,遮罩层只有一个,被遮罩层可以有任意个。

按钮内部不能有遮罩层。

可以用 AS 动作语句建立遮罩,但这种情况下只能有一个被遮罩层,同时,不能设置 alpha 属性。

(四)实例:探照灯动画制作

在前面介绍了遮罩动画的特点和创建方法等基本知识,接下来将制作一个遮罩动画实例,以加深对遮罩动画的认识和理解。

图 2.21 所示是该遮罩动画中测试影片的一个效果。我们将用遮罩动画实现探照灯的效果。

图 2.21　探照灯

制作步骤如下:

1.创建影片文档

执行"文件"→"新建"命令,在弹出的面板中选择"常规"→"ActionScript 3.0"选项,单击"确定"

按钮,新建一个影片文档。单击"属性",将舞台的宽和高分别设置为 600 像素和 848 像素,背景色为白色。

2. 设置背景图层

将"图层 1"重新命名为"探照灯背景"。执行"文件"→"导入"→"导入到舞台"命令,将本例中名为"背景.jpg"图片导入到舞台中。用鼠标选中该图片,将属性面板中的宽和高设置成与舞台宽和高相同,即宽 600 像素、高 848 像素。调整图片位置让其边缘与舞台边缘重合。在第 45 帧处按 F5,加入普通帧。这样在播放到第 45 帧时仍然可以看到该图片。

图 2.22　锁定背景图层

通过鼠标单击时间轴下的"插入图层"按钮 ,在场景中新建一个图层,并命名为"提亮背景"。然后单击图层"提亮背景"中的第 1 帧,执行"文件"→"导入"→"导入到舞台"命令,将本例中名为"提亮背景.jpg"图片导入到舞台中。此时第 1 帧为关键帧,该层自动将普通帧延伸至第 45 帧。为了在处理该层时不影响其他图层,可以把其他图层锁定。用鼠标单击"提亮背景"图层名称后第二个实心点(位于锁头图标 的下方),锁定后会出现锁头的标记,如图 2.22 所示。

此时在锁定图层中的内容将不能被更改。选中"提亮背景"图层中的第 1 帧,将图片位置与舞台重合,选中"提亮背景"图层中的第一帧,将图片位置与舞台重合。

3. 创建"探照灯"图形元件

执行"插入"→"创建新元件"命令,新建一个图形元件,命名为"探照灯",如图 2.23 所示。

在该元件编辑窗口中单击工具栏上的矩形工具 ,然后展开找到椭圆工具,在舞台画圆的同时按住 Shift 键,画出一个圆形。然后在属性面板上设置边框的笔触颜色为无色,即该圆没有边框,设置圆的填充颜色为黄色,效果如图 2.24 所示。

图 2.23　创建"探照灯"元件　　　　　　　　　　　　　图 2.24　"探照灯"元件

4. 创建动画

回到场景 1 中,单击"探照灯背景"名称,然后单击"插入图层"按钮,连续插入两个图层,这样两个图层将位于"探照灯背景"与"提亮背景"图层的上面。从下到上,图层名称分别为"探照灯背景""提亮背景""探照灯"和"探照灯遮罩"。在"探照灯"图层第 1 帧插入元件"探照灯",如图 2.25 所示,然后在该图层第30帧插入关键帧,将元件"探照灯"移动到舞台右边缘,如图2.26所示。

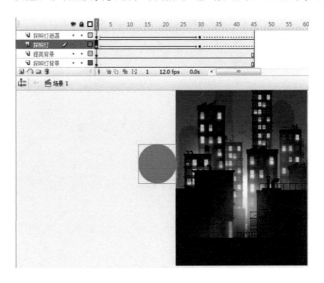

图 2.25　第1帧"探照灯"元件的位置

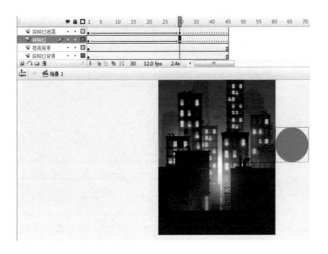

图 2.26　第30帧"探照灯"元件的位置

5. 创建遮罩动画

在"探照灯"图层创建动画补间动画,并在第1帧处右击鼠标,单击"复制帧",如图2.27所示;在"探照灯遮罩"图层第1帧,右击鼠标,单击"粘贴帧"。用同样的方法将"探照灯"图层第30帧内容粘贴复制到"探照灯遮罩"图层第30帧上。

在属性面板上单击"补间"旁的下拉按钮,选择"动画",建立动画补间动画。然后在"探照灯遮罩"的图层名称上单击鼠标右键,在弹出的菜单中选择"遮罩层"命令。

将"提亮背景"图层向"探照灯"图层靠拢,此时会发现"提亮背景"图层名称框由实线变为虚线,此时转化为被遮罩层,建立完成后时间轴如图2.28所示。如果要使遮罩层引导多个图层,可以将图层拖移到遮罩层下方,或通过更改图层属性的方法添加需要被遮罩的图层。"探照灯遮罩"为遮罩层,"探照灯""提亮背景"为被遮罩层。遮罩层与被遮罩层在建立遮罩时自动被锁定。

图 2.27　复制帧

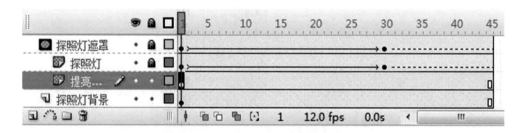

图 2.28　创建遮罩动画

6.测试存盘

执行"控制"→"测试影片"→"测试"命令,观察动画效果有无问题,然后可以通过执行"文件"→"保存"命令,将文件保存成"探照灯动画制作.fla"文件存盘。如果要导出 Flash 的播放文件,可以通过执行"文件"→"导出"→"导出影片"命令,将动画保存成"探照灯动画制作.swf"文件即可。

五、引导线动画

Flash 提供了一种简便方法来实现对象沿着复杂路径移动的效果,这就是引导层。带引导层的动画叫轨迹动画或引导线动画。引导层的原理就是把画出的线条作为动画补间元件的轨道。

引导线动画可以实现如树叶飘落、过山车、星体运动等效果的制作。

(一)引导线动画的概念和在时间轴上的表现形式

引导线动画由引导层和被引导层组成。引导层用于放置对象运动的路径,被引导层用于放置运动的对象。制作引导线动画的过程实际上就是对引导层和被引导层的编辑过程。引导线动画在时间轴上的表现形式如图2.29所示。

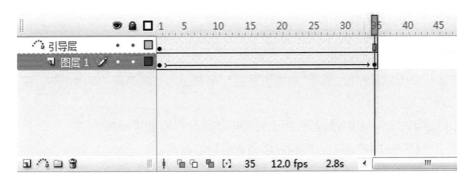

图2.29　引导线动画在时间轴上的表现形式

在引导线动画中,引导层中只放置绘制的运动路径(引导线)。引导层的作用就是使对象沿着绘制的运动路径(引导线)运动。

在引导层下方的图层称为"被引导层",被引导层会比其他图层往里缩进一些。在被引导层中对象沿着绘制的运动路径(引导线)运动,即在引导层中绘制引导线,而在被引导层中设置动画补间动画。

创建引导层的常用方法为:将普通图层转换为引导层,即在普通图层上单击鼠标右键,选择弹出菜单中的"属性"命令,在出现的窗口中选择"引导层"选项,如图2.30所示。若选择"类型"中的其他选项,则该图层将变为相应的图层类型。

图2.30　设置图层属性

在设置引导线时需要注意以下几点:

(1)引导线不能是封闭的曲线,要有起点和终点。

(2)起点和终点之间的线条必须是连续的,不能间断,可以是任何形状。

（3）引导线转折处的线条弯转不宜过急、过多，否则 Flash 无法准确判定对象的运动路径。

（4）被引导对象必须准确吸附到引导线上，也就是元件编辑区中心必须位于引导线上，否则被引导对象将无法沿引导路径运动。引导线在最终生成动画时是不可见的。

（二）创建引导线动画的方法

引导线动画有单层引导和多层引导两类，单层引导即一个引导层去引导一个被引导层。创建步骤如下：

（1）在普通层中创建一个对象。

（2）选中该层单击鼠标右键，选择"添加引导层"（在普通层上层新建一个引导层，普通层自动变为被引导层）。

（3）在引导层中绘制一条路径，然后将引导层中的路径沿用到某一帧。

（4）在被引导层中将对象的中心控制点移动到路径的起点。

（5）在被引导层的某一帧插入关键帧，并将对象移动到引导层路径的终点。

（6）在被引导层的两个关键帧之间创建动画补间动画，引导线动画制作完成。

多层引导线动画，就是利用一个引导层同时引导多个被引导层中的对象，如图 2.31 所示。

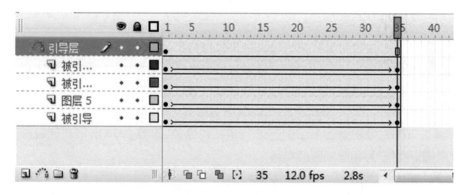

图 2.31　多层引导线动画

一般情况下，创建引导层后，引导层只与其下的一个图层建立链接关系。如果要使引导层引导多个图层，可以将图层拖移到引导层下方，或通过更改图层属性的方法添加需要被引导的图层。

为一个引导层成功创建多个被引导层后，多层引导线动画即创建完成。

（三）引导线动画的制作要点

（1）一般将要移动的对象单独放在一个图层，作为被引导层，在此图层上层添加引导层。引导层一定要在被引导层的上方。

（2）引导层中只绘制运动路径，在被引导层中设置动画补间动画。

（3）在工具栏中选中"紧贴至对象"按钮 🔲，指向元件的中心点，拖动对象吸附到引导线的起点和终点。

（4）要使对象沿着路径旋转，需在被引导层的起始帧属性中勾选"调整到路径"。

(四)引导线动画的相关技巧

(1)引导层必须是分离的图形,也就是画的线不能组合。可以通过选择线的一部分来确定是不是分离的图形。若可以选择其中一部分,则说明是分离的图形。

(2)被引导层在引导层的下面,并且缩进一部分。如不是,把被引导层拖到引导层下面,并向引导层上靠,就会缩进。

(3)对象吸附到引导线时一定要准,位置不准确则对象不会沿着轨迹运动,可打开吸附按钮。

(4)引导层(榔头标志 ⬸)是加注释的,可以在引导层上添加如文字说明或使用说明等内容,引导层只有在源文件的情况下看得到,发布的 SWF 文件是看不到的。

(五)实例:闲云野鹤

在前面介绍了引导线动画的特点和创建方法等基础知识,接下来将制作一个引导线动画的实例,以加深对引导线动画的认识和理解。

图 2.32 所示是该引导线动画中的一个中间过程,一只野鹤从水面掠过。

图 2.32　引导线动画

制作步骤如下:

1. 创建影片文档

执行"文件"→"新建"命令,在弹出的面板中选择"常规"→"ActionScript 3.0"选项,单击"确定"按钮,新建一个影片文档。单击"属性",将舞台的宽和高分别设置为 680 像素和 430 像素,背景色为白色。

2. 设置背景图层

将"图层 1"重新命名为"背景"。执行"文件"→"导入"→"导入到舞台"命令,将本例中名为"闲云野鹤.jpg"图片导入到舞台中。用鼠标选中该图片,将属性面板中的宽和高设置成与舞台宽和高相同,即宽 680 像素、高 430 像素。调整图片位置让其边缘与舞台边缘重合。在第 45 帧处按 F5,加入普通帧。这样在播放到第 45 帧时仍然可以看到该图片。

3. 创建元件

(1)执行"插入"→"创建新元件"命令,新建一个图形元件,命名为"野鹤",如图 2.33 所示。

图 2.33　创建新元件

(2)创建"标题"元件。

执行"插入"→"创建新元件"命令。新建一个图形元件,命名为"标题"。在该元件编辑窗口中单击工具栏上的文本工具 T,然后在属性面板上设置文本类型为静态文本,字体为华文新魏,字号为 50 号,颜色为黄色。最后在舞台上单击,输入"闲云野鹤"4 个字。

4. 创建动画

回到场景中,单击选中"背景"图层,通过鼠标单击时间轴下的"插入图层"按钮 🖫,在场景中新建一个图层,并命名为"野鹤"。

单击选中"野鹤"图层名称,单击鼠标右键,选择"添加引导层"。这样就为"野鹤"图层添加了引导层。

单击选中"野鹤"图层名称,通过鼠标单击时间轴下的"插入图层"按钮 🖫,在"引导层"上面新建一个图层,并命名为"标题"。

单击选中引导层的第 1 帧,在工具栏中单击钢笔工具 🖉,同时按住鼠标左键,这时会弹出图 2.34 所示的菜单。可以使用增加锚点工具、删除锚点工具、转换锚点工具画出任意轨迹。

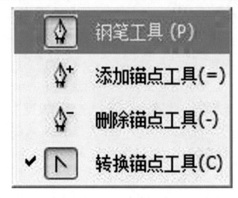

图 2.34　钢笔工具菜单栏

选择钢笔工具并设置钢笔工具的属性。具体设置如图 2.35 所示,其中填充颜色为无色,笔触颜色为红色,其实引导层中的轨迹在生成动画后是看不见的,这里设置为红色是为了在编辑动画时比较醒目。

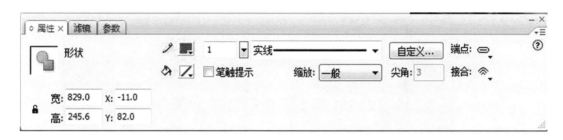

图 2.35　钢笔工具的属性设置

画好轨迹之后,调整轨迹位置使之位于山水之间,并且起点和终点都在舞台外,这样播放影片时,形成野鹤从外飞进再飞出的感觉,达到一个更加生动形象的效果,如图 2.36 所示。轨迹有起点和终点,就可以正常完成引导线功能。

图 2.36　调整引导线的位置

单击选中"野鹤"图层第 1 帧,执行"窗口"→"库"命令打开库面板。将库面板中的"野鹤"图形元件拖动到舞台上,单击选中工具栏中的"紧贴至对象"按钮,然后拖动"野鹤"元件,拖动时让此元件上的十字叉与轨迹上的起始点的位置重合,如图 2.37 所示。

选中"野鹤"图层的第 45 帧,然后单击鼠标右键执行"插入关键帧"命令,拖动"野鹤"元件,拖动时让此元件上的十字叉与轨迹上的结束点的位置重合,如图 2.38 所示。

在"野鹤"图层第 1 帧与第 45 帧之间的任意位置单击鼠标右键,然后选择"创建补间动画",动画制作完成,最终时间轴如图 2.39 所示。

图 2.37　第 1 帧"野鹤"元件的位置

图 2.38　第 45 帧"野鹤"元件的位置

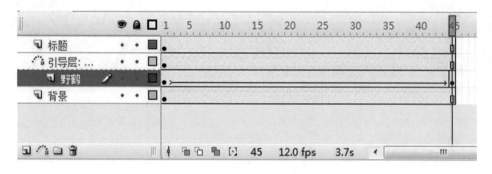

图 2.39　最终时间轴

5. 测试存盘

　　执行"控制"→"测试影片"→"测试"命令,观察动画效果有无问题,然后可以通过执行"文件"→
"保存"命令,将文件保存成"闲云野鹤. fla"文件存盘。如果要导出 Flash 的播放文件,可以通过执
行"文件"→"导出"→"导出影片"命令,将动画保存成"闲云野鹤. swf"文件即可。

第三节
Flash 交互式动画设计

交互式动画是指播放时支持事件响应和交互功能的作品,也就是说,动画播放时能受到某种控制,而不是像普通动画那样从头到尾进行播放。这种控制可以是动画播放者的操作(如触发某个事件),也可以是在制作动画时预先设置的某种变化。

本节主要介绍制作文字按钮的方法,主要讲解如何使用公用库来更快捷地制作按钮,并介绍编写脚本和动作面板的应用。

Flash 将元件分为 3 类——图形、影片剪辑和按钮,所有的元件都被保存在"库"面板中。在 Flash 中按钮的种类非常多,可以是色块、文字甚至图形。

任何对象一旦被设置为按钮,就可以与鼠标指针产生 4 种交互状态。①弹起:按钮平时的状态,即没有鼠标指针经过也没有被按下的状态。②指针经过:鼠标指针悬停在按钮上的状态。③按下:按下按钮时的状态。④点击:按钮可以感应鼠标指针的范围,这个范围可以比按钮大,也可以比按钮小。这 4 种状态就是按钮元件中的 4 个帧。

课堂实训——制作文字按钮

本例将创建如图 2.40 所示的按钮,当鼠标指针移到文字上方时,文字改变颜色;按下文字时,文字出现阴影效果。具体操作步骤如下。

图 2.40　文字按钮

第一步:选择"文件"→"新建"命令,新建一个影片文档,并将其保存为"文字按钮.fla"。

第二步:选择"插入→"创建新元件"命令,出现图 2.41 所示的"创建新文件"对话框,在"名称"文本框中输入元件名"交互",在"类型"选项组中单击"按钮"单选按钮。

图 2.41　创建新元件

第三步:单击"确定"按钮,进入按钮元件的编辑窗口。单击时间轴上的"弹起"帧,然后单击工具栏中的文本工具,并在"属性"面板中设置字体为"汉仪中黑简",字号为 70 号,颜色为蓝色,接着在舞台上输入文本"交互",如图 2.42 所示。

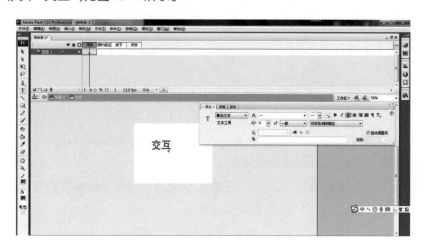

图 2.42　设置"弹起"帧的内容

第四步:分别单击"指针经过"帧和"按下"帧,并按 F6 键,复制"弹起"帧中的内容到这两个帧中。

第五步:单击"指针经过"帧,利用工具栏中的选择工具选定文本,然后将文本颜色改为黄色,如图 2.43 所示。

图 2.43　更改"指针经过"帧的文本颜色

第六步:选定改为黄色的文本,按 Ctrl＋C 组合键复制该文本然后单击"按下"帧,再按 Ctrl＋V 组合键进行粘贴。

第七步：选定黄色的文本，然后执行"修改"→"排列"→"移至底层"命令，将该文本改到蓝色文本的下面，再调整两者的位置，形成阴影效果。

第八步：右击"单击"帧，从弹出的菜单中选择"插入空白关键帧"命令，如图2.44所示，然后利用工具栏中的矩形工具，绘制一个按钮感应鼠标指针的范围，如图2.45所示。

第九步：单击舞台左上方的"场景1"按钮，切换到场景编辑窗口。选择"窗口"→"库"面板，将"运行"按钮元件拖到舞台上，创建一个实例。

第十步：选择"控制"→"测试影片"→"测试"命令，即可查看按钮效果。

图2.44　选择"插入空白关键帧"命令

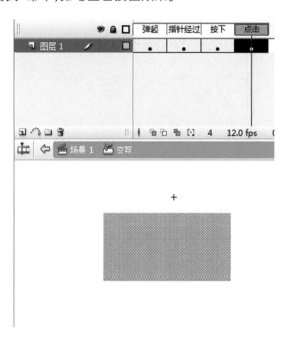

图2.45　设置"单击"的范围

> **案 例 实 训**

案例实训：卷轴毛笔字。

本例将创建图2.46所示的卷轴毛笔字，当影片开始测试时，卷轴慢慢打开，利用遮罩动画让毛笔字——呈现。

图2.46　卷轴毛笔字

—————— **本 章 小 结** ——————
○　　○　　○　　○

　　Flash 软件是制作交互动画及交互网页的利器。本章从 Flash 基本动画类型加以讲解,介绍了制作动画的基本方法和操作方式。通过本章的学习,我们可以完成网页中的多种动画素材、网页 logo 动画、网页广告、网页 banner 等的设计与制作。

Jiaohu Wangye Sheji

第 三 章
Dreamweaver网页设计

第一节
Dreamweaver 网页设计基础

Dreamweaver 在网页设计领域具有强大的功能，且其 Web 站点架设可以方便地实现管理与维护，简单地发布站点至网络网站空间，实施远端维护等操作，所以它不能简单地定位为网页设计软件。它支持最新的 HTML 和 CSS 标准，无论站点以前是否用 Dreamweaver 编写，都可以使用 Dreamweaver 对站点进行管理。

以前的主页编辑，需要具备很丰富的 HTML 知识，要制作动态的、交互式的网页必须懂得 JavaScript 来实现功能；而在 Dreamweaver 中，可以不用编写代码，就能轻松地设置与制作动态主页和交互式网页。

Dreamweaver 的工作界面主要由菜单栏、插入工具栏、文档工具栏、编辑区、状态栏、属性面板和各种面板组构成。熟悉这些面板，是灵活运用 Dreamweaver 软件制作网页的基础。

一、启动 Dreamweaver

在桌面左下角单击"开始"按钮，在弹出的"开始"菜单中执行"所有程序"→"Dreamweaver"命令，或者双击桌面的 Dreamweaver 快捷方式图标即可启动软件。

认识 Dreamweaver 的工作界面，如图 3.1 所示。

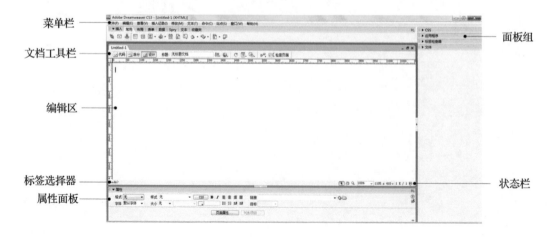

图 3.1　Dreamweaver 工作界面

二、Dreamweaver 主要组成部分简介

(一)插入工具栏

Dreamweaver CS3 的插入菜单栏中包含了多个标签,如图 3.2 所示。单击插入工具栏中的不同标签可以进行切换,每一个标签中包括了若干的插入对象按钮。单击插入工具栏中的对象按钮或者将按钮拖曳到编辑窗口内,即可将相应的对象添加到网页文件中,并可在网页中编辑添加的对象。

标签(G)...	Ctrl+E
图像(I)	Ctrl+Alt+I
图像对象(G)	▶
媒体(M)	▶
表格(T)	Ctrl+Alt+T
表格对象(A)	▶
布局对象(Y)	▶
表单(F)	▶
超级链接(P)	
电子邮件链接(L)	
命名锚记(N)	Ctrl+Alt+A
日期(D)	
服务器端包括(E)	
注释(C)	
HTML	▶
模板对象(O)	▶
最近的代码片断(R)	▶
Spry(S)	▶
自定义收藏夹(U)...	
获取更多对象(G)...	

图 3.2　插入工具栏

(二)文档工具栏

文档工具栏中包含了代码视图、拆分视图、设计视图、文档标题、文件管理、浏览器预览、可视化选项等按钮,如图 3.3 所示。

图 3.3　文档工具栏

文档工具栏中的前三个按钮用于切换视图模式。单击  代码 按钮可以进入代码视图,这是一个用于编写和编辑 HTML、JavaScript、服务器语言代码(如 ASP 或 ColdFusion 标记语言)以及其他

类型代码的手工编码环境；单击 拆分 按钮可以进入拆分视图，在该视图中，窗口被分成上、下两部分，顶部窗口用于编写 HTML 代码，底部窗口用于可视化编辑网页；单击 设计 按钮可以进入设计视图，这是一个用于可视化页面布局、可视化编辑和快速应用程序开发的设计环境，在该视图中，Dreamweaver 中显示的文档处于可视化编辑状态，页面效果类似于在浏览器中查看页面时看到的内容。

(三)状态栏

在 Dreamweaver CS3 状态栏中可以显示当前光标所在位置的 HTML 标记，通过此标记可以确定所编辑的网页内容。状态栏上还可以显示当前网页的编辑窗口大小、当前网页文件的大小与网页的传输速度。状态栏中的选取工具 用于选择页面中的操作对象；手形工具 用于移动视图；缩放工具 用于放大或缩小视图；而设置缩放比例选项框 100% 可以通过确切的数值控制视图的缩放，如图 3.4 所示。

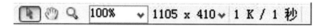

图 3.4 状态栏

(四)属性面板

属性面板用于显示或修改当前所选对象的属性，如图 3.5 所示。在页面中选择不同的对象时，属性面板中将显示出不同对象的属性。例如：选择了文字，在属性面板中显示的是文字的属性；如果选择了图像，则属性面板中将显示图像的属性。另外，还可以直接在属性面板中修改所选对象的属性，修改后的效果可以在编辑窗口中反映出来。

在属性面板上单击三角形的切换按钮，可以将属性面板切换为常用属性或全部属性模式。

图 3.5 属性面板

(五)面板组

面板组是指组合在一起的面板集合，它为我们编辑网页提供了既直观又快速的操作方法，是设计制作网页时不可缺少的工具。

单击"窗口"菜单下的相应命令，可以打开或关闭面板。当我们打开一个面板时，与其成组的面板会同时出现，如图 3.6 所示。

单击面板组中的标签，可以在不同的面板之间切换。另外，将光标指向面板标签，按住鼠标左键向外拖动，可以把该面板从面板组中分离出来；分离出来的面板还可以再放回去，拖动面板标签到面板组中即可。

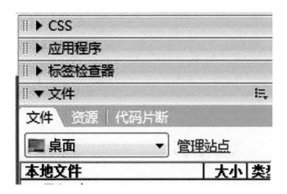

图 3.6　面板组

第二节
创建与管理站点

一、建立本地站点

Dreamweaver 提供了两种创建站点的方法：一是在启动 Dreamweaver 时通过欢迎画面创建；二是在 Dreamweaver 工作环境下，单击菜单栏中的"站点"→"新建站点"命令。这两种创建站点的方法都是通过向导完成的，非常直观。

（1）启动 Dreamweaver，则弹出欢迎画面，如图 3.7 所示。

图 3.7　欢迎画面截图

（2）单击"Dreamweaver 站点"选项,则弹出站点定义对话框,在该对话框中有两个标签,其中"基本"标签就是站点定义向导,第一个对话框如图 3.8 所示。这里有两个选项,第一个选项要求输入站点名称,以便在 Dreamweaver 中标识该站点,这里输入"SYY"。第二个选项要求输入站点的 HTTP 地址,如果还没有域名,可以暂时不填。

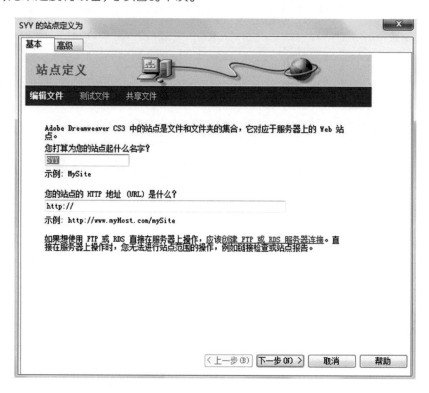

图 3.8　站点定义对话框一

（3）单击"下一步"按钮,进入站点定义向导的第二个对话框,如图 3.9 所示。该对话框询问用户是否要使用服务器技术,选择"否,我不想使用服务器技术"选项,表示该站点是一个静态站点,没有动态页。

（4）单击"下一步"按钮,进入站点定义向导的第三个对话框,如图 3.10 所示。该对话框询问用户如何使用文件,这里选择第一个选项,然后在下面的文本框中指定一个文件夹,Dreamweaver 将在其中存储站点文件。

（5）单击"下一步"按钮,进入站点定义向导的第四个对话框,如图 3.11 所示。该对话框询问用户如何连接到远程服务器,这里从下拉列表中选择"无"。

（6）单击"下一步"按钮,进入站点定义向导的第五个对话框,其中显示了用户的设置概要,如图 3.12 所示。

建立了本地站点以后,新建的站点将显示在文件面板中。单击菜单栏中的"窗口"→"文件"选项,或者按下 F8 键,可以打开文件面板。该面板中显示了本地站点的名称以及本地站点的文件夹等内容,如图 3.13 所示。

现在我们已经创建了一个企业站点,不过,到目前为止这个站点还是空的,没有实际内容,因此必须向站点中添加相关的内容。

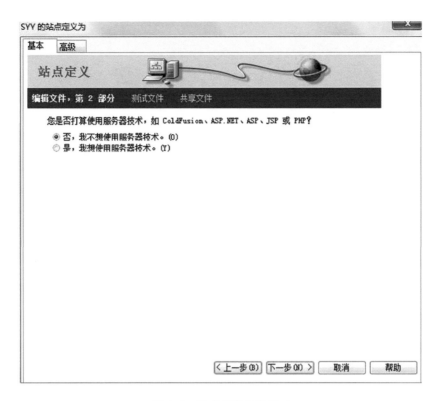

图 3.9　站点定义对话框二

图 3.10　站点定义对话框三

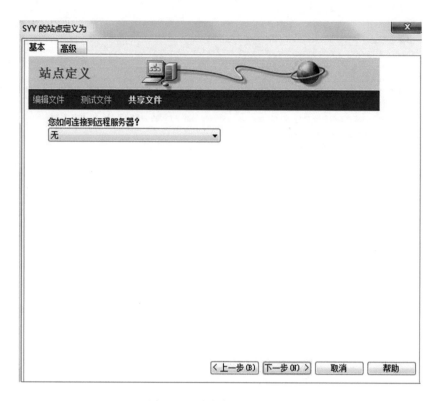

图 3.11　站点定义对话框四

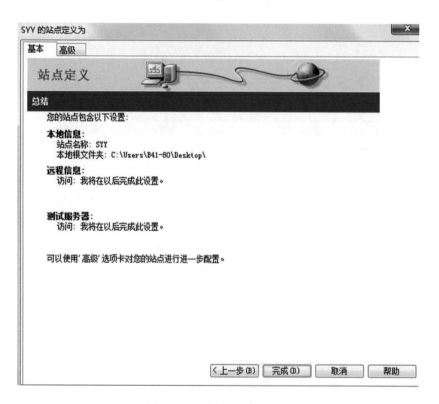

图 3.12　站点定义对话框五

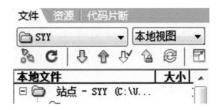

图 3.13 　文件面板

二、管理站点文件

新建的站点是空白的,其中没有任何内容。根据站点的规划,需要向其中添加网页文件或站点文件夹。网页文件即上网时浏览的 HTML 文件;站点文件夹则用于管理站点内容。因为站点中会有很多文件,为了有效地管理文件,可以将它们分门别类地存放在文件夹中,如图像文件夹可以专门用于存放图像、动画等。

向站点中添加网页文件与站点文件夹的方法基本一致,操作步骤如下:

(1)在文件面板中单击鼠标右键,则弹出一个快捷菜单。

(2)选择快捷菜单中的"新建文件"命令,则新建了一个网页文件。

(3)在光标位置处输入网页的名称,重新命名为 untitled. html,如图 3.14 所示,然后按下 Enter 键确认,则完成了网页文件的添加。

(4)同样的方法,如果在弹出的快捷菜单中选择"新建文件夹"命令,则可以在站点中添加 images 文件夹。

图 3.14 　新建网页文件

第三节
网 页 布 局

一、网页布局设计

网页的布局设计,就是指网页中图像和文字之间的位置关系,即网页排版。网页是网站的基本构成元素,通过网页向浏览者传递信息。通过对网页的布局,要使网页易于阅读、界面具有亲和力

和可用性,能够吸引更多的浏览者。

为了可以更好地对网页进行布局设计,首先要知道网页布局的基本概念和布局中的基本构成要素。

1. 页面尺寸

页面尺寸和显示器大小及分辨率有关系,网页的局限性就在于无法突破显示器的范围,而且因为浏览器占去不少空间,留给页面的范围就变得越来越小。通常分辨率在 1024 px×768 px 的情况下,页面的显示尺寸为 1007 px×600 px;分辨率在 800 px×600 px 的情况下,页面的显示尺寸为 780 px×428 px;分辨率在 640 px×480 px 的情况下,页面的显示尺寸则为 620 px×311 px。从以上数据可以看出,分辨率越高,页面尺寸越大。

2. 整体造型

造型就是创造出来的物体形象。页面应该是一个整体,图形与文本的结合应该层叠有序、有机统一。虽然显示器和浏览器都是矩形,但对于页面的造型,可以充分运用自然界中的其他形状以及它们的组合:矩形、圆形、三角形、菱形等。

不同的形状所代表的意义是不同的。比如矩形代表正式、规则,很多政府网页都是以矩形为整体造型;圆形代表柔和、团结、温暖、安全等,许多时尚站点喜欢以圆形为页面整体造型;三角形代表着力量、权威、牢固、侵略等,许多大型的商业站点为显示其权威性常以三角形为页面整体造型;菱形则代表着平衡、协调、公平,一些交友站点常运用菱形作为页面整体造型。虽然不同形状代表不同意义,但目前的网页制作多数是结合多个形状加以设计,其中又以某种形状为主。

3. 页头

页头又可称为页眉。页眉的作用是定义页面的主题,一个站点的名字多数都显示在页眉里,这样访问者能很快知道这个站点是什么内容。页头是整个页面设计的关键,它将影响下面的更多设计和整个页面的协调性。页头常放置站点名字、公司标志以及旗帜广告等。

4. 文本

文本在页面中多数以"行"或者"块"(段落)出现,它们的摆放位置决定着整个页面布局的可视性,过去因为页面制作技术的局限,文本放置位置的灵活性非常小,随着 DHTML 的兴起,文本已经可以按照要求放置到页面的任何位置。

5. 页脚

页脚和页头相呼应。页头是放置站点主题的地方,而页脚则是放置制作者或者公司信息的地方,我们可以看到许多此类信息都是放置在页脚的。

6. 图片

图片和文本是网页的两大构成元素,缺一不可。处理好图片和文本的位置成了整个页面布局的关键,而布局思维也将体现在这里。

7. 多媒体

除了文本和图片,还有声音、动画、视频等其他媒体。虽然它们不是经常被利用到,但随着动态网页的兴起,它们在网页布局上也变得重要起来。

二、网页布局类型

网页布局有以下几种常见类型。

1. "同"字型

"同"字型是一些大型网站首页常用的类型,在网页最上面是网站的标题以及 banner 广告条;接下来就是网站的主要内容,左右分列一些小条内容,中间是主要部分,与左右一起罗列到底;最下面是网站的一些基本信息、版权声明等,如图 3.15 所示。

图 3.15　德力西网页模板

2. 弯角型

弯角型和"同"字型很相近,上面是标题及广告条,接下来的左侧是一窄列链接等,右侧是很宽的正文,下面也是一些网站的辅助信息。在此类型中,很常见的一种是最上面为标题及广告,左侧是导航链接,一般用于网站的内页,如图 3.16 所示。

图 3.16　家具网页模板

3. 上中下型

上面是标题或广告一类的内容,下面是正文,一些文章页面或注册页面等就是这种类型,如图 3.17 所示。

图 3.17　婚庆公司网页模板

4. 左右框架型

这是一种左右分别为两页的框架结构,一般左面是导航链接,有时最上面会有一个小的标题或标志,右面是正文,如图 3.18 所示。我们见到的大部分大型论坛都是这种结构,有一些企业网站也喜欢采用。这种类型结构非常清晰,一目了然。

5. 整幅效果型

这种类型常被企业网站用作首页,采用大幅图片或 Flash 动画,如图 3.19 所示。常在底部加一"进入"按钮,从展示企业形象来说,这种页面非常美观,但是服务型网站尽可能不用这种方式,因为如果上网速度慢,性格比较急的人往往受不了加载等待。

图 3.18　宠物网站网页模板

图 3.19　宠物服装企业网页模板

三、应用表格布局

　　Dreamweaver 提供了多种方法来创建和控制网页布局,最普通的方法就是使用表格。

　　我们可以利用表格工具对网站的首页进行布局。在文件面板中双击 untitled. html,在 Dreamweaver 的设计窗口中确定好插入点;右键单击,在弹出的菜单中选择"页面属性"选项,设置页面边距,如图 3.20 所示。

　　(1)执行"插入"→"表格"命令,在弹出的对话框中设置参数,如图 3.21 所示。

　　(2)选定表格,在属性面板中"对齐"下拉列表中选择"居中对齐"选项,如图 3.22 所示。

　　(3)拖动鼠标,选定第 1 行的第 2、3 两列单元格,如图 3.23 所示。

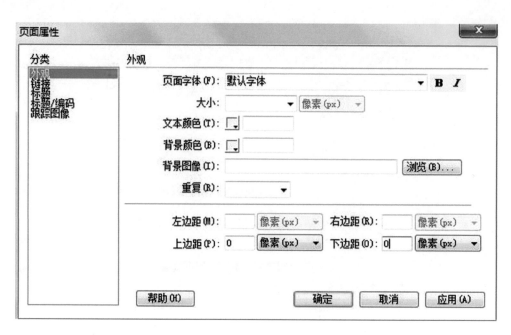

图 3.20 "页面属性"对话框

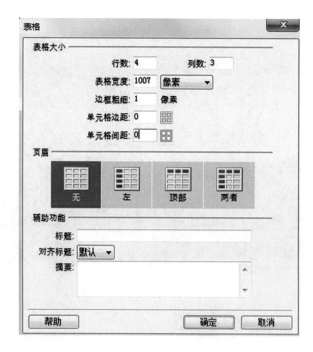

图 3.21 插入表格对话框

图 3.22 表格属性面板

图 3.23　选定单元格效果

(4)单击属性面板上的"合并单元格"按钮,如图 3.24 所示,或者在选定的单元格上右键单击,选择"表格"→"合并单元格"选项。

图 3.24　合并单元格方法

(5)按相同方式将第 2、4 行的 3 个单元格合并,如图 3.25 所示。

图 3.25　合并单元格效果

(6)拖动鼠标,选定第 1 行,在属性面板中设置行高为 115,如图 3.26 所示。

图 3.26　表格行属性面板

(7)按相同方式,将第 2、3、4 行行高分别设置为 230、450、60。

(8)选第 1 行第 1 个单元格,在属性面板中设置列宽为 260,如图 3.27 所示。

图 3.27　单元格属性面板

(9)按相同方式,选定第 3 行第 3 个单元格,在属性面板中设置列宽为 260。

(10)设置完成后,首页布局如图 3.28 所示。

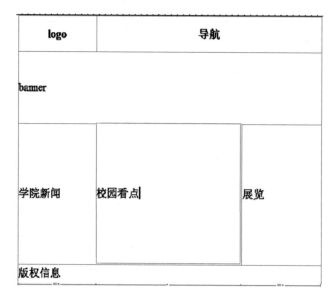

图 3.28　首页布局效果

四、应用层布局

层在网页的布局中使用非常广泛,能够实现较多的功能,如层的重叠可以将多个网页元素重叠在一起,实现特殊的效果;层中可以放置文本和图像等元素,层还可以嵌套;配合行为功能或脚本代码,可以使层在网页中进行移动或变换。但用层设计的网页在不同分辨率下显示时可能会出现错位现象。因此,层作为附属工具配合表格、框架等技术来对网页进行布局设计。

利用层工具,我们对首页中的部分区域进行二次布局。

将光标定位在导航区的单元格内,执行"插入记录"→"布局对象"→"AP Div"命令,如图 3.29 所示。

图 3.29　层插入菜单

选定层对象,如图 3.30 所示。

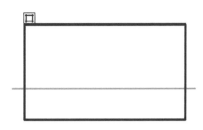

图 3.30　选定层对象

在属性面板中对层的名称、宽度、高度及背景颜色进行相应设置,如图 3.31 所示。

图 3.31　daohang 层属性面板

选定 daohang 层,执行"插入"→"表格"命令,设置参数如图 3.32 所示。

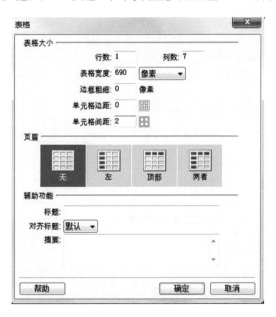

图 3.32　插入表格对话框

(1)调整表格高度与层一致,选定表格,在属性面板中设置相应参数,如图 3.33 所示。

(2)导航区效果如图 3.34 所示。

(3)选定第 3 行第 1 列的单元格,执行"插入记录"→"布局对象"→"AP Div"命令,改名为 gonggao,设置该层属性,如图 3.35 所示。

(4)选定第 3 行第 2 列的单元格,执行"插入记录"→"布局对象"→"AP Div"命令,改名为 kandian,设置该层属性,如图 3.36 所示。

(5)在 gonggao 层中执行"插入"→"表格"命令,插入一个 2 行 1 列的表格,表格宽度为 303,第

图 3.33　表格行属性面板

图 3.34　导航区效果

图 3.35　gonggao 层属性面板

图 3.36　kandian 层属性面板

1 行高度为 60,第 2 行高度为 200,如图 3.37 所示。

图 3.37　首页二次布局效果一

(6)按相同的方式对第 3 行第 2 列的单元格进行处理,效果如图 3.38 所示。

随着基于 XHTML 的 DIV+CSS 网页制作布局技术的发展,采用 DIV+CSS 布局成了一种发展趋势,采用此种布局方式可以使网站改版相对简单,对于搜索引擎比表格布局的页面更具友好性,但学习 DIV+CSS 需要以 HTML 为基础,对于初学网页设计的人而言有一定难度,且不提倡在 Dreamweaver 中直接进行编写,本书以后的案例仍以表格布局为主。

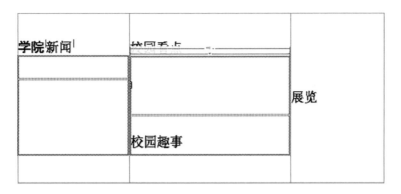

图 3.38　首页二次布局效果二

第四节
网页设计元素的插入与链接

一、文本输入与编辑

文本是网页中最基本的元素,既可以手工逐字逐句地输入,也可以把别处的文本直接粘贴到网页设计窗口中。在 Dreamweaver 中可以通过设置文本的字体、字号、颜色、字符间距与行距等属性来区别不同的文本。

现以首页导航中的文字为例进行讲解。

(1)将光标置于 daohang 层中的第 1 个单元格,选择属性面板"字体"选项框中的"编辑字体列表"选项,如图 3.39 所示。

(2)在弹出的对话框中,在"可用字体"下选择"黑体",再单击 图标进行添加,"黑体"将在"选择的字体"下出现,如图 3.40 所示。

图 3.39　字体设置

图 3.40　"编辑字体列表"对话框

(3)在"编辑字体列表"中单击 按钮,添加其他字体按相同方式操作即可,单击"确定"按钮,完成字体列表的编辑。

(4)在属性面板中设置字体为黑体,大小为16,在光标处输入"学院首页"后,选定文字,单击文字颜色设置小三角图标,如图3.41所示,在此可以进行文字的颜色设置。

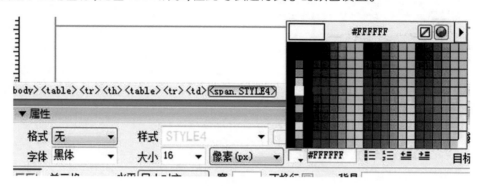

图3.41　字体颜色设置

(5)将导航文字输入完成后,如图3.42所示。

| 学院首页 | 院情总览 | 办学成就 | 师资队伍 | 专业建设 | 教学管理 | 学生园地 |

图3.42　导航文字效果

(6)将光标置于第3行的单元格内,输入相关文字内容,如图3.43所示。

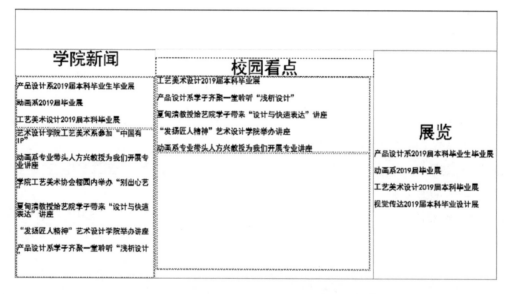

图3.43　首页第3行文字应用效果

(7)将光标置于第4行的单元格内,输入友情链接的相关文字,设定单元格对齐方式为居中对齐,如图3.44所示。

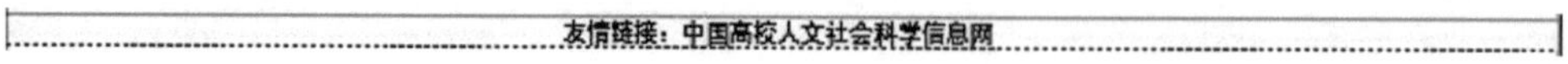

友情链接:中国高校人文社会科学信息网

图3.44　友情链接

二、图像的输入

图像是网页中不可缺少的元素,它可以起到美化网页、对事物做图形化的说明以及作为动态网页效果载体的作用。网页中目前所涉及的图像格式有三种,分别为 JPEG、GIF 和 PNG 格式,且有着不同的特点。

JPEG 格式适于表现色彩丰富、具有连续色调的图像,该格式的优点是图像质量高,缺点是文件尺寸稍大(相对于 GIF 格式),且不能包含透明区。

GIF 格式最多只能包含 256 种颜色,适合表现色调不连续或具有大面积单一颜色的图像。该格式的优点是图像尺寸小,可包含透明区,且可制成包含多幅画面的简单动画,缺点是图像质量稍差。

PNG 格式集 JPEG 和 GIF 格式的优点于一身,既能处理照片式的精美图像,又能包含透明区域,且可以包含图层等信息,是 Fireworks 的默认图像格式。

现为首页插入准备好的素材图片。

(1)将光标置于第 1 行第 1 列的 logo 区的单元格中,执行"插入"→"图像"命令,打开"选择图像源文件"对话框,如图 3.45 所示。

图 3.45　"选择图像源文件"对话框

(2)在弹出的对话框中选择替换文本,"替换文本"就是鼠标指向的图片是所显示的文字,如图 3.46 所示。

(3)在属性面板中设置图片的属性,如图 3.47 所示;最终设置效果如图 3.48 所示。

图 3.46 "图像标签辅助功能属性"对话框

图 3.47 图像属性面板

图 3.48 插入 logo 效果图

三、媒体的插入

随着多媒体技术的发展,网页已由原来单一的图片、文字内容发展为多种媒体集合的表现形式。在网页中应用多媒体技术,如音频、视频、Flash 动画等内容,可以增强网页的表现效果,使网页更生动,激发访问者的兴趣。

下面就来为主页添加 Flash 动画。

(1)将光标置于第 2 行第 1 列的单元格中,执行"插入"→"媒体"命令,在打开的对话框中,找到事先存好的文件夹。

(2)弹出的"对象标签辅助功能属性"对话框,可以不用设置,直接单击"确定"按钮,插入之后效果如图 3.49 所示。

四、网页链接

超级链接将许许多多毫无关联的网页通过文字、图片、Flash 等元素联系起来。用户只需轻点鼠标便可访问链接的网页。

超级链接包括内部超级链接和外部超级链接。内部超级链接是指目标文件位于站点内部的链

图 3.49　首页预览效果

接;外部超级链接可实现网站与网站之间的跳转,也就是从本网站跳转到其他网站。在此,我们先设置首页的超级链接及 E-mail 链接。

(1)选定导航中的"学院首页"文字,单击鼠标右键,在弹出的菜单中选择"创建链接"选项,如图 3.50 所示。

(2)选择文件夹,如图 3.51 所示,单击"确定"按钮。

图 3.50　"创建链接"选项　　　　　　　　图 3.51　选择链接文件对话框

(3)拖动鼠标,选定页面中的 abc@163.com。在属性面板中链接选项后,设置为 mailto:abc@163.com。目标选项中,_blank 表示链接页面将在新窗口中打开,_self 表示链接页面将在本窗口中打开,如图 3.52 所示。

图 3.52　邮件地址链接

(4)按 F12 键进行预览,查看链接效果。

第五节
CSS 样式表与网页编辑

一、CSS 样式表基础

CSS 就是一种叫作样式表(style sheets)的技术,也有人称之为层叠样式表(cascading style sheets)。在主页制作时采用 CSS 技术,可以有效地对页面的布局、字体、颜色、背景和其他效果实现更加精确的控制。只要对相应的代码做一些简单的修改,就可以改变同一页面的不同部分,或者页数不同的网页的外观和格式。

它的作用如下:

(1)在几乎所有的浏览器上都可以使用。

(2)以前一些一定要通过图片转换实现的功能,现在只要用 CSS 就可以轻松实现,从而更快地下载页面。

(3)使页面的字体变得更漂亮,更容易编排,使页面真正赏心悦目。

(4)可以轻松地控制页面的布局。

(5)可以将许多网页的风格格式同时更新,不用再一页一页地更新了。可以将站点上所有的网页风格都使用一个 CSS 文件进行控制,只要修改这个 CSS 文件中相应的行,整个站点的所有页面都会随之发生变动。

(一)样式表的类型

CSS 样式表通常有四种类型,分别为内联样式表、嵌入样式表、外部样式表和输入样式表。

1. 内联样式表

直接在 HTML 标记内插入 style 属性,再定义要显示的样式。这是最简单的样式定义方法。不过利用这种方法定义样式时,效果只可以控制该标记,其语法如下:

```
< 标记名称 style= "样式属性:属性值;样式属性:属性值">
```

如：

```
< body style＝"color:# FF0000;font.family:"宋体";cursor;url(3151.ani);">
```

2. 嵌入样式表

嵌入样式表是指利用 style 标签将 CSS 嵌入到 HTML 中,通常放到页面的 head 区里,例如:

```
< head>
……
< style type＝"text/css">
< ! _
hr{color:sienna}
P{margin.left:20px}
Body{background.imag:url("images/back40.gif")}
..>
< /style>
……

< /head>
```

style 元素是用来说明所要定义的样式,type 属性是指定 style 元素以 CSS 的语法定义。有些低版本的浏览器不能识别 style 标记,这意味着低版本的浏览器会忽略 style 标记里的内容,并把 style 标记里的内容以文本直接显示到页面上。为了避免这样的情况发生,我们使用加 HTML 注释的方式隐藏内容而不让它显示。

嵌入样式表能够控制整个当前页面的样式,但不能控制其他页面样式。其他页面想要同样的样式,就必须在其他页面再嵌入样式表。

3. 外部样式表

外部样式表是指将样式定义在一个独立的 CSS 文本中,然后通过 link 的链接方式与网页关联。

首先需要创建一个后缀为 .css 的文档,然后直接在文档中填写样式,最后通过 link 方式链接到 HTML 中,如:

```
< link rel= "stylesheet" type= "text/css" href＝".css 的文档名称">
```

一般做网站,建议使用外部样式表,因为外部样式表使文件减小,提升读取速度,便于修改,且时效性强。

4. 输入样式表

输入样式表是指将一个样式文件输入到另一个样式文件中,把样式层叠起来的效果。打开一个样式文件,输入 @import url(另一个样式文件地址),这样就可以把两个样式表的效果层叠起来。

(二)样式表选择器类型

1. 标签选择器

一个完整的 HTML 页面是由很多不同的标签组成的,标签就是 body、table、h3 之类的网页里

面的标签,可以直接选择定义样式,网页里面的就会随之变化。而标签选择器,则是决定哪些标签采用相应的 CSS 样式,比如,在 style.css 文件中对 P 标签样式的声明如下:

```
P{
font.size:12px;background:# 900;color:090;
}
```

2. ID 选择器

ID 选择器具有较强的针对性,根据标签的 ID 属性确定样式表的应用范围,如先给某个 HTML 页面中的某个 P 标签起个 ID,代码如下:

```
< P id="one">
```
此处为 P 标签内的文字</P>。

在 CSS 中定义 ID 为 one 的 P 标签的属性,就需要用到"#",代码如下:

```
# one{
font.size:12px;background:# 900;
color:090;
}
```

3. 类选择器

这种选择器更容易理解,就是使页面中的某些标签(可以是不同的标签)具有相同的样式,和 ID 选择器的用法类似,只不过把 id 换作 class,如:

```
< P class="one">
```
此处为 P 标签内的文字</P>。

如果还想让 div 标签也有相同的样式,怎么办呢? 加上同样的 class 就可以了,如:

```
< div class= "one">
```
此处为 div 标签内的文字</div>。

这样页面中凡是加上 class="one"的标签,都具有相同的样式。

在 CSS 中定义的时候和 ID 选择器差不多,只不过把"#"换成".",代码如下:

```
.one{
font.size:12px;
background:# 900;
color:090;
}
```

二、应用 CSS 样式

通过 Dreamweaver 中的 CSS 面板及属性面板,可以完成样式的创建及应用。下面将对案例中的页面进行简单的 CSS 样式的应用。

(1)首先打开 untitled.html 文件,选择"窗口"→"CSS 样式",打开 CSS 面板,如图 3.53 所示。

(2)单击面板右下角的图标,在弹出的对话框中选取"类"选项,并填写选择器名称,规则是

图 3.53　CSS 面板

"仅对该文档",如图 3.54 所示。

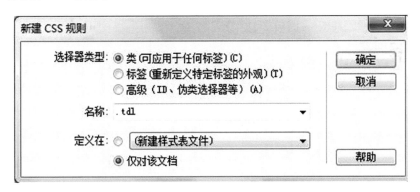

图 3.54　"新建 CSS 规则"对话框

　　(3)单击"确定"按钮,在弹出的对话框中进行相应的设置,如图 3.55、图 3.56 所示。单击"确定"按钮,完成"类"规则定义。

图 3.55　".td1 的 CSS 规则定义"对话框一

图 3.56 ".td1 的 CSS 规则定义"对话框二

(4)完成的".td1"规则在 CSS 面板中,如图 3.57 所示。

图 3.57 CSS 面板中的"td1"规则

(5)将光标定位在"学院新闻"的单元格内,如图 3.58 所示。

图 3.58 选定单元格对象

(6)在属性面板中,"类"选项选择 td1,应用样式后,单元格效果如图 3.59 所示。

(7)在主页中的其他标题单元格内,按相同方式应用 td1 样式后,效果如图 3.60 所示。

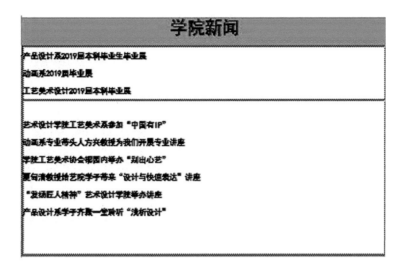

图 3.59　应用 td1 规则后单元格效果

图 3.60　多个单元格应用 td1 样式效果

(8)按相同方式再为内容单元格的文字格式新建类规则 td2,如图 3.61 所示。

图 3.61　新建规则 td2

(9)选定单元格,应用样式 td2,效果如图 3.62 所示。

(10)下面我们为整个站点的超级链接设置统一的规则。单击 CSS 面板右下角的 图标,在弹

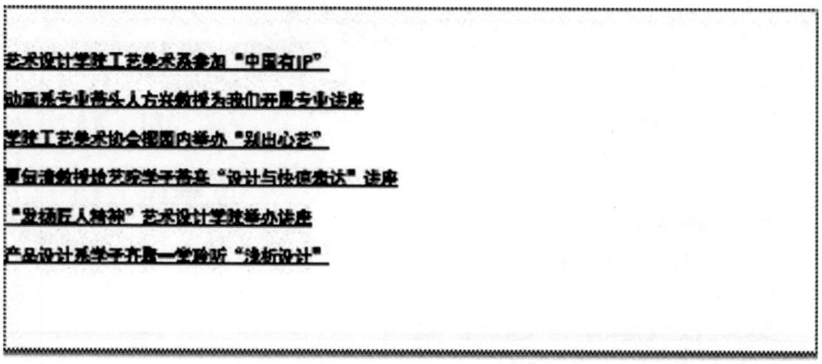

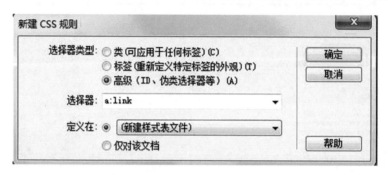

图 3.62　应用 td2 样式效果

出的对话框中选取"高级"选项，并填写选择器名称，规则是"新建样式表文件"，如图 3.63 所示。

图 3.63　创建外部样式文件

（11）单击"确定"按钮后，在站点文件夹下新建 CSS 文件夹，将新建样式规则保存在 CSS 文件夹下，如图 3.64 所示。

图 3.64　保存外部样式文件

(12)单击"确定"按钮后,在对话框中设置未访问的链接样式,如图3.65所示。

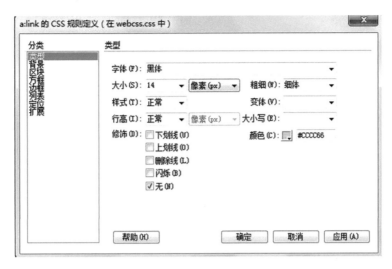

图3.65 "a:link 的 CSS 规则定义"对话框

(13)按照相同方式,分别设置"a:visited""a:hover"的规则,保存在 webcss.css 中,规则可自行设定(如改变字体颜色)。预览效果如图3.66所示。

图3.66 应用外部样式效果

(14)要将 webcss.css 中的规则应用到子页中,先打开 top.html 文件,单击 CSS 面板右下角的图标,通过"浏览"找到样式文件,如图3.67所示。

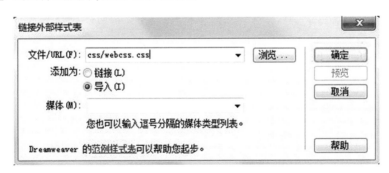

图3.67 为 top.html 链接外部样式表

(15)单击"确定"按钮,页面效果如图3.68所示。

图3.68 应用样式后 top.html 预览效果

本 章 小 结

○　　○　　○　　○

　　本章通过一个完整的案例制作,从创建与管理站点、网页布局、网页设计元素的插入与链接、CSS 样式表与网页编辑等几个部分对 Adobe Dreamweaver 工具的应用及使用方法进行了介绍。

Jiaohu Wangye Sheji

第四章
交互网页设计

第一节
交互设计概述

一、交互设计的定义

交互设计(interaction design,IxD 或者 IaD),从广义上讲是定义和设计人造系统和人造物的行为的设计。人造物即人工制品,如软件、移动设备、人造环境、服务、可佩戴装置以及系统的组织结构。交互设计是研究人造物的行为方式即人工制品在特定场合下的反应方式相关的界面,研究用户在使用产品时的安全、舒适、便捷等问题,研究用户在产品使用中的生理学和心理学,以及探索产品与人和物质、文化、历史的统一的科学。交互设计的工作核心就是在满足用户使用功能的前提下,以最少的体力消耗、最简便的操作方式、最完美的视觉享受,取得最大的劳动效果。电脑、平板、手机为人们日常生活中所接触到的交互工具,如图 4.1、图 4.2 所示。

图 4.1　笔记本电脑、平板电脑、智能手机等交互设备

从用户角度来讲,交互设计是一种使产品便捷、易用、有效且让人愉悦的技术,它从了解目标用户和他们的期望出发,了解用户在同产品交互时彼此的行为,了解"人"本身的心理和行为特点,同时,还包括了解各种有效的交互方式,并对它们进行增强和扩充。交互设计涉及多个学科,以及和多领域、多背景人员的沟通。可以说,交互设计是一门综合学科,如图 4.3 所示。交互设计扮演了人类与产品之间的互动的角色。交互设计的出发点在于研究用户和产品交流时人的心智模型和行为模型,并在此基础上,设计界面信息及其交互方式,用人机界面将用户的行为翻译给机器,将机器的行为翻译给用户,来满足人对于软件使用的需求。所以交互设计一方面是面向用户的,这是交互

图 4.2　软件交互界面

设计所追求的可用性,也是交互设计的目的所在;另一方面是面向产品实现的,如图 4.4 所示。

图 4.3　交互设计融合的其他学科

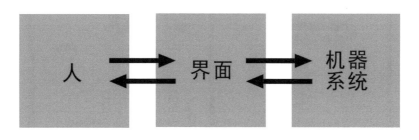

图 4.4　交互界面与人、机的关系

二、交互设计的本质

交互设计的本质是让人们愉悦、便捷地跟机器进行信息的交流和反馈,简而言之,就是简单、高

效、便捷地实现某一类人群的某一个目的。

1. 确认目标用户

在软件设计过程中,根据不同的用户需求确定软件的目标用户,并获取最终用户和直接用户的需求信息。交互设计要考虑到目标用户的不同而引起的交互设计重点的不同。例如,新手用户、中间用户和专家用户的交互设计重点就不同。

新手用户关注的是这款软件有什么用处,如何开始,如何操作。中间用户关注的是版本的功能,如何自定义,如何找到某一个功能。专家用户则关注更加智能、更加深奥的问题,例如,如何使某一功能自动化。

2. 采集目标用户的习惯交互方式

不同类型的目标用户有不同的交互习惯。这种习惯的交互方式往往来源于其原有的针对现实的交互流程、已有软件工具的交互流程。当然还要在此基础上通过调研分析找到不同类别的目标用户希望达到的交互效果,对这些不同类别的用户加以归纳,并且以记录流程的方式确认下来,以备在之后的交互开发设计中参考和应用。

3. 提示和引导用户

软件是用户的工具,因此应该由用户操控和操作软件。交互设计最重要的就是根据用户交互过程得出相应的结果和反馈,提示用户得到的结果和反馈信息,并引导用户进行其需要的下一步操作,如图 4.5 所示。

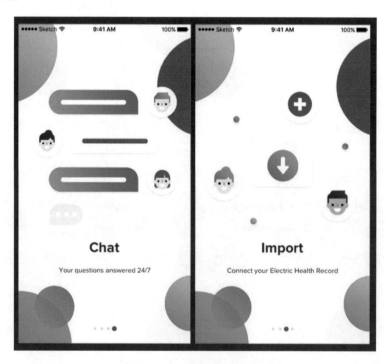

图 4.5 每一个滚动页面都有相应的提示

第二节
交互设计原则及目标

一、交互设计的原则

1. 设计目标一致

软件中往往存在多个组成部分(组件、元素)。不同组成部分之间的交互设计目标要保持一致。例如:如果以入门级用户为目标用户,那么就要以简化界面为设计目标,并且简化的设计风格需要贯彻于软件的整体而不是局部。

2. 元素外观一致

交互设计每一个元素的外观都会影响用户的使用效果。同一个(类)软件采用一致风格的外观,对保持用户习惯、改进交互效果有很大帮助,因为用户在使用同一类软件时会有习惯性的使用方式,即使用惯性。在实际设计中,对于元素外观一致性没有特定的衡量方法,因此需要设计师通过对目标用户进行详细调查、访问等方式取得反馈意见及发现问题,再针对用户的使用习惯进行统一设计。例如,不同网页交互站点,其中的分类、选择、浏览设计模式基本一致,如图 4.6 所示。

软件咨询类的交互设计基于同一类的统一特点,采用一致框架,保持用户习惯,便于用户快速地掌握操作方法。

3. 交互行为一致

在交互模型的设计中,在设计不同类型的元素时,用户进行其对应的操作行为后,其交互行为需要一致,使用户对不同的软件形成同一种操作惯例。例如,所有需要用户确认操作的对话框都至少包含"确认"和"取消"两个按钮,使用户在进行重要操作的时候可以再次思考。交互行为一致的原则虽然在大部分情况下是可行的,但是在实际设计中也有少数的案例以更加简化的方式进行操作。

图 4.6　元素外观一致

二、交互设计的目标

　　交互设计的目标是使产品有效、易用,让用户对产品产生依赖,让用户使用产品时能够产生愉悦感。换言之,交互设计就是要不断地去改进一个交互系统,使用户在交互的过程中更加有效、快捷、愉悦地进行日常工作,通过执行一系列的步骤来完成某项任务。设计师进行交互设计的目标就是使系统变得简单易用,使用户的工作效率大大提高。

　　比如,某购物系统,其产品种类繁多,因此用户流量巨大,在生成订单的过程中,由于操作的过程较为复杂,就会产生不顺畅的情况,因此一部分用户就会放弃使用,造成用户流失。那么交互设计的目标就是帮助该系统找到流失用户,以及用户在操作过程中遇到的问题、不能完成购买的原因,再针对这些问题进行改进、测试,最后让用户顺利、便捷地完成操作,并获得良好的购买体验。再比如,某电子产品,技术先进,但其人机界面的设计可能由研发技术人员来完成,并没有从用户的角度去设计,这就容易使用户不明就里,感觉产品的使用过程比较复杂、费解。在这时,交互设计师就可以从用户体验的角度提供帮助,解决其存在的问题,帮助改进,让用户很容易地学会使用它。

第三节
交互网页设计流程

1. 互联网产品开发流程

伴随互联网的迅速发展,互联网产品开发模式也逐渐健全,主要由用户调研、概念设计、原型设计、UI设计、交互设计、迭代评测、实现测试这几部分组成。用户调研,主要是交互设计师通过用户调研的手段(介入观察、非介入观察、采访等),调查了解用户及其相关使用的场景,以便对其有深刻的认识(主要包括用户使用时的心理模式和行为模式),从而为后继设计提供良好的基础。概念设计是交互设计师通过综合考虑用户调研的结果、技术可行性,以及商业机会,为设计的目标创建概念(目标可能是新的软件、产品、服务或者系统)。整个过程可能来回迭代进行多次,每个过程可能包含头脑风暴、交谈、细化概念模型等活动。原型设计是在用户行为模式分析和概念设定后,开始构建用户使用模型、线框图、低保真原型图、高保真原型图来实现与展示出交互设计的常规形态。UI设计即一种视觉设计和细节设计,将最好的视觉化效果模型和产品展示给测试者。迭代评测是交互设计师通过设计原型来测试设计方案,主要是用于测试用户和设计系统交互的质量,同时查找出漏洞和缺失,再次进行迭代设计的过程。

2. 调研项目背景

在开发互联网产品项目之前,首先需要做的就是调研和了解项目的背景、属性、竞争力、收益率、期望值等,评测出项目产品的可开发性与后期持续性,做出理性的评测与投资。充分而有分量的产品背景调研、市场最大需求、目前最大热门、最前沿资讯等,都能够有效地帮助后续的产品开发和项目原型制作,也为整个项目的实现和发展打下坚实的基础。

3. 基于UCD的用户需求研究

UCD(user centered design,以用户为中心的设计),即围绕"用户需要的和用户知道的",开展今后的交互相关设计,最终帮助用户实现其目标。以用户为中心的设计观已经出现很久,在交互设计流程中是非常重要的组成部分,因为交互就是直接面向用户,聚焦于用户的需求和偏好。例如,我们在做用户需求研究时会分为定性研究和人物角色扮演,针对开发项目的产品可能使用的人做定性研究,如访谈、问卷调查、测试等;对产品的典型用户,可采用人物角色扮演,设定出有代表性的

典型用户,除此以外,还可以罗列出人物角色在使用产品时可能遇到的问题以及使用产品中的肢体动作等,编写出问题脚本和动作脚本,这些都是基于 UCD 的用户需求研究。用户需求研究是影响设计决策的关键因素。

4. 原型设计

原型设计是整个产品项目的根基,原始模型设计的好坏,也直接关系到最终产品的成功与否。一名成功的交互设计师一定是一位非常优秀的原型设计师。设计师大量的构思和创意灵感,都需要借助原型设计展示与实现,功能、感官、交互、模型的再现都离不开原型设计,原型设计是交互设计流程中的重点过程。

5. UI 设计

在互联网公司里,一般称视觉设计师为 UI(user interface,用户界面)设计师,即将产品项目的细节设计作为工作重点的设计师,也称为用户界面设计师。细节设计往往决定了一个网页设计或手机 APP 产品带给使用者的第一印象,是整个交互设计开发环节中非常重要的一环。它一般是在原型设计完成之后介入交互设计开发流程中,在这时设计师需要注重产品设计方方面面的视觉构成,例如导航栏、搜索引擎的视觉化设计及网站风格的整体配色、分类搭配、动画图标,又或者是小到一个文字的模式、大小、板块的宽窄高低等细节。一个成功的 UI 设计相当于一次成功的市场推广,在项目推广过程中,视觉设计占有非常大的比重,能够给用户带来非比寻常的视觉体验。

6. 交互设计与测试

交互设计是解决如何使用交互式产品问题的学科,其任务就是设定用户的使用行为,并通过规划信息的内容、结构和呈现方式来引导用户的使用。这种以使用为核心的理念和以形式为手段的方法也充分表明了交互设计与工业设计、平面设计、语言学、心理学等之间的关联是与生俱来的。

人机交互主要研究人的认知模型和信息处理过程与人的交互行为之间的关系,研究如何依据用户的任务和活动来进行交互式计算机系统的设计、实现和评估。由于计算机技术是信息化产品的基础技术,因此,人机交互的模式往往对人与产品交互的模式有着决定性的影响,人机交互的研究成果对于人与产品交互的研究也有着重要的参考价值。人们普遍认为,交互式产品的使用过程是一个在人与产品之间所发生的信息循环的过程,在前期过程性设计完成后使用相关的交互原型设计软件来实现交互网页产品的测试及迭代。

而演示、专家测评、体验者测试、系统测试等是项目产品开发的最后阶段,也是重要的实践应用阶段。功能测试、感官测试、体验交互测试对于查找项目产品自身的漏洞以及修改和维护等起到非常重要的作用,为产品项目的后续开发与扩展提供重要的评测功能。

第四节
H5 交互动画设计

1. 交互动画概念

交互动画是指在动画作品播放时支持事件响应和交互功能的一种动画,也就是说,动画播放时可以接受某种控制。这种控制可以是动画播放者的某种操作,也可以是在动画制作时预先准备的操作。这种交互性提供了观众参与和控制动画播放的手段,使观众由被动接受变为主动选择。

近年来,移动智能设备快速发展,各类配置、系统等被不断优化,移动终端的视觉体验也有了更好的发展,动画被广泛应用在移动终端的界面设计中,其主要交互应用形式有欢迎、跳转、加载、反馈等,有效减少了用户因等待引起的焦虑,并且使体验更加流畅愉悦。交互动画是动画和交互设计结合产生的,同时具有艺术美和设计性,并增加了人与物的互动性,极大程度地优化了用户体验,提高了用户在互动环节中的主动性。

2. H5 的特征

H5 是指第 5 代 HTML(超文本标记语言),也指用 H5 语言制作的一切数字产品。人们上网所看到的网页,多数都是用 HTML 编写的。浏览器通过解码 HTML,就可以把网页内容显示出来。H5 是包括 HTML、CSS、Java 在内的一套技术组合。其中,"超文本"是指页面内容可以包含图片、链接甚至音乐、程序等非文字元素;"标记"是指这些超文本必须由包含属性的开头与结尾的标志来标记。CSS 是层叠样式表单,任何网页都需要 CSS。

H5 页面最大的特点是跨平台,开发者不需做太多的适配工作,用户也不需要下载,打开一个网址就能访问。H5 提供完善的实时通信支持,具体表现在以下几个方面。

(1)环境优势。

H5 安装和使用 APP 灵活、方便;增强了图形渲染、影音、数据存储、多任务处理等处理能力;本地离线存储,浏览器关闭后数据不丢失;强化了 Web 网页的表现性能;支持更多插件,功能越来越丰富。H5 兼容性好,用 H5 技术开发出来的应用在各个平台都适用,且可以在网页上直接进行调试和修改。

(2)多媒体应用特点。

原生开发方式对于文字和音视频混排的多媒体内容处理相对麻烦,需要拆分文字、图片、音频、视频,解析对应的 URL(统一资源定位符)并分别用不同的方式进行处理。H5 则不受这方面的限制,可以将文字和音视频放在一起进行处理。

（3）图像图形处理能力。

H5支持图片的移动、旋转、缩放等常规编辑功能。利用H5开发工具，一个非专业的人士在很短的时间内也可以轻而易举地完成动画、虚拟现实以及交互页面等复杂页面的设计与制作。

（4）交互方式。

H5提供了非常丰富的交互方式，不需要编码，按照开发工具中提供的提示信息，通过简单的配置就可实现各种方式的交互。

（5）应用开发优势。

利用H5开发和维护APP成本低，时间短，入门门槛低，并且升级方便，打开即可使用最新版本，免去重新下载、升级的麻烦。

（6）内容及视觉效果。

H5支持字体的嵌入、版面的排版、动画、虚拟现实等功能。特别要强调的是，动画、虚拟现实是媒体广告、品牌营销、活动推广、网页游戏、网络教育课件的重要表现形式，在PC互联网时代，这些内容基本都是由Flash来制作。但移动互联网主流的移动操作原生系统一般不支持Flash，Adobe公司也放弃了移动版Flash的开发，这促使H5成为移动智能终端上制作和展现动画内容的最佳技术和方案。

（7）传播推广。

H5页面推广成本低，传播能力强，视觉效果好。推广只需一个URL链接，或一个二维码即可，实时性强，是各种组织机构进行活动宣传、企业品牌推广和产品营销的利器。

3. H5 开发及设计工具

在H5出现之前，特别是H5开发工具出现之前，一款原生APP的开发需要经历需求分析、UI设计、应用开发、系统测试、试运行等阶段才能够完成并使用。平均每个阶段需要2至3周才能完成，计算下来，完成一款APP的开发大约需要2个月，更为要命的是开发APP一般只有专业能力极强的人才能完成。不仅如此，一款APP的应用时效通常非常短，因此，投入大量的资金，耗费2个月左右的时间是非常不划算的。对于活动推广、新产品发布等宣传、营销活动，如何有效地开发APP是很令人头疼的事情。

从上述对H5特点的介绍中可以看出，H5开发工具很好地解决了开发时间、开发费用以及开发人员的问题。一款含有动画、音/视频、图像等的APP，制作用时短，发布方便，使用方便。

目前，市场上有多种H5开发平台，这些平台为开发H5页面提供了有力的支持，使H5的开发变得轻松、简单、方便、快捷，并且成本低，例如Mugeda、易企秀、MAKA等，这些开发平台都有各自的特点。简单、方便、易操作、易掌握、功能强大的H5开发工具，为普通人开发精美的H5页面提供了技术基础。同H5应用需求的发展一样，未来的H5页面开发与制作会像如今人们使用Word文档一样普及。这就是人们学习H5开发工具、掌握H5页面制作技术的原因。

4. Mugeda 平台交互设计运用

目前，H5在制作交互动画的过程中存在的主要问题有两个：一是制作动画效果时，需要高水平的专业技术人员编写程序;二是随着 H5 应用需求的不断扩大,技术人员严重短缺,并且制作效率低,很难满足用户的实时性要求。而 Mugeda 平台则很好地解决了上述问题。

动画,简单地说就是能够"动"的画面。它通过采用各种技术手段,如人工手绘、电脑制作等,在同一位置,用一定的速度,连续、顺序地切换画面,使静态的画面"动"起来。数字动画是相对于传统动画而言的,传统动画通常是指运用某种技术手段将手工绘制或手工制作的实体(如图画、皮影、泥塑等)制作而成的动画。如果在动画制作的全过程,所采用的技术和设备主要是计算机及其相关设备,则制作出的动画就被称为数字动画。

交互,简单地说,就是交流互动。其中,"交"是指交流,"互"是指互动。在信息技术中,交互是指操作计算机软件的用户通过软件操作界面,与软件对话,并控制软件活动的过程。

目前,交互动画通常是指数字动画,它与非交互动画的区别主要在于,对于交互动画,受众可以有选择性地观看,或对动画进行控制,而不是被动地接受动画。因此,交互动画能给受众带来趣味感和体验感。

Mugeda 是一个可视化的 H5 交互动画制作 IDE 云平台,内置有功能强大的应用程序编程接口(application programming interface,API),是一些预先定义的函数,目的是提供应用程序与开发人员基于某软件或硬件得以访问一组例程的能力(而又不需要访问源码或理解内部工作机制的细节)。Mugeda 拥有非常强大的动画编辑能力和非常自由的创作空间,不需要任何下载、安装操作,在浏览器中就可以直接创建有丰富表现力的交互动画,可以帮助设计人员和设计团队高效地完成面向移动设备的 H5 交互动画的制作发布、账号管理、协同工作、数据收集等。

第五节
H5 交互设计综合案例

1. H5 交互设计综合案例:安全驾驶

根据交互软件 Mugeda 中的"行为"和"触发条件"的知识及设置方法,制作一个提醒司机在驾驶过程中要集中注意力的动画公益广告作品,制作要求如下。

(1)页面初始状态是公路上有一辆汽车,有两个小朋友在路中间行走,如图 4.7 所示。

(2)单击页面上的汽车,汽车开始沿公路行驶。

(3)当汽车行驶到距离小朋友很近的时候,页面出现"快刹车!要撞人了!"的文字提示,如图 4.8 所示。

(4)此时,用户单击汽车,汽车会立即停止行驶。如果用户此时不单击汽车,汽车则会撞上小朋友,页面显示如图 4.9 所示。

图 4.7　初始状态

图 4.8　汽车接近小朋友时的状态

图 4.9　汽车撞到小朋友时的状态

通过完成此案例,对"行为"和"触发条件"有初步的认识和了解。体会设置"行为"和"触发条件"的交互作用,并掌握基本的交互设置操作。

2. 操作步骤

(1)素材准备。

素材包括场景图片、汽车图片、事故描述图片以及文字提示图片等,如图 4.10 所示。

(2)新建项目,设置舞台新建项目,将舞台设置成横向,如图 4.11 所示。

图 4.10　素材

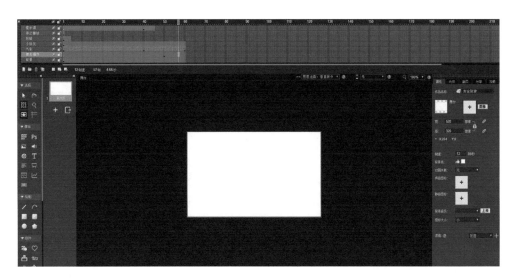

图 4.11　将舞台设置为横向

（3）新建图层，导入图片，制作动画。

新建图层，将各素材分别导入不同的图层中，并制作动画。

①导入场景图片。

将鼠标指针移至时间轴第1层第1帧位置，导入场景图片，然后将鼠标指针移至本层第60帧位置，插入帧，并命名该图层为"背景"。

②导入汽车，制作动画，设置行为。

将鼠标指针移至时间轴第2层第1帧位置，导入汽车图片，确定车辆的大小和初始位置，并命名该图层为"汽车"。

将鼠标指针移至时间轴第2层第40帧位置，单击鼠标右键，选择"插入关键帧"命令，并进行位移动画的设置。

将鼠标指针移至时间轴第2层第60帧位置，单击鼠标右键，选择"插入关键帧"命令，将第40帧物件复制到第60帧上，并在该物件上设置行为命令，命令为当鼠标单击时发生的行为为"暂停"，如图4.12、图4.13所示。

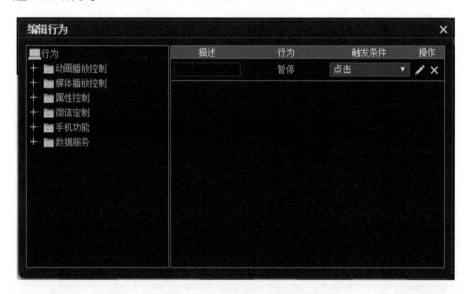

图4.12　设置物件汽车的行为

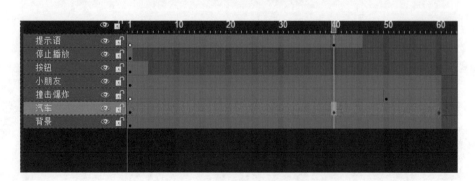

图4.13　汽车图层的关键帧动画

③导入事故描述图片，制作动画。

新建"撞击爆炸"图层，在该图层的第50帧单击右键选择"插入关键帧"，在该关键帧上拖入事故描述素材图片。

(4)控制按钮素材导入,设置行为。

①新建"按钮"图层,并拖曳素材库中的"按钮"素材到该图层的第1个关键帧上。

②在该按钮上单击右键设置交互行为命令,触发条件为"点击",行为为"播放",如图4.14所示。

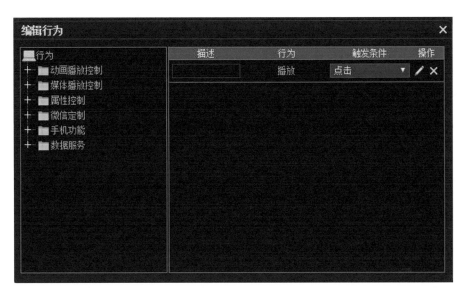

图4.14　设置按钮交互行为

③新建一个图层,命名为"停止播放",其作用是停止播放该舞台上的动画。单击右键在该图层上的第1帧上插入关键帧,并在舞台以外新建一个圆形,对该圆形设置行为命令,触发条件为"出现",行为命令为"暂停",如图4.15所示。

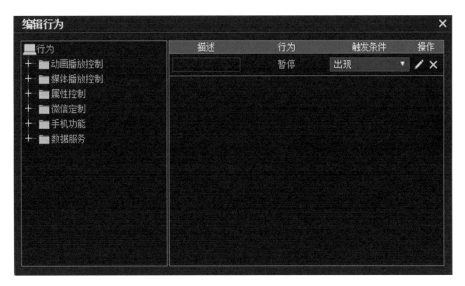

图4.15　对圆形设置行为命令

(5)提示语动画制作,设置行为。

将鼠标指针移至时间轴第7个图层,并命名为"提示语",在该图层的第40帧插入关键帧,导入

文字提示图片,确定图片的大小和位置。同时在该文字提示图片上设置行为命令,触发条件为"点击",行为命令为"暂停"。

——————————— 本 章 小 结 ———————————

○　　○　　○　　○

移动信息技术的快速崛起,使得交互网页设计和 H5 交互设计的应用及推广得到了较大的发展。本章对交互网页设计及 H5 的特点、应用加以讲解,通过本章的学习,我们可以完成交互网页设计、H5 移动融媒体设计及制作。

Jiaohu Wangye Sheji

第五章
交互网页设计综合案例

第一节
交互 APP 网页设计与 H5 融媒体设计

交互网页设计中的视觉元素与界面设计密不可分,移动端设备的功能更加完备,让我们有机会打造更好的、更具吸引力的视觉设计。而移动端交互网页设计不仅能够刺激和吸引更多用户,更能够增强用户体验感及提高使用效率。设计师需要探索用什么样的交互网页设计来满足用户的需求,创造符合用户行为习惯的交互设计,而这些设计又应遵循什么样的规则。下面采用具体案例来进行说明。

交互设计案例1——"追求"运动记录类型 APP 交互设计

设计流程如下。

1. 调研报告

该项目为一款运动记录类型 APP 交互设计,在项目策划设计之前,需要进行大量的市场调研,写出需求文档和调研报告。大量的调查表明,随着人们生活水平的提高,人们更注重对身体健康的维护,也更注意自身的身体状况,想得到身体状况的具体数据,如图 5.1 所示。随着智能穿戴设备的出现,人们了解自身的身体状况和每日运动状况成为可能。而现有的线上产品主要以运动打卡类为主。而"追求"APP 更关注人们的日常健康状况,根据每个人的运动状况进行记录,生成个人的运动数据;加入"亲人"板块,加强个人与亲朋好友的联系,同时也有利于了解亲朋好友的运动爱好,增加亲朋好友之间的感情。这正是"追求"APP 想带给人们的积极、健康向上的生活态度。

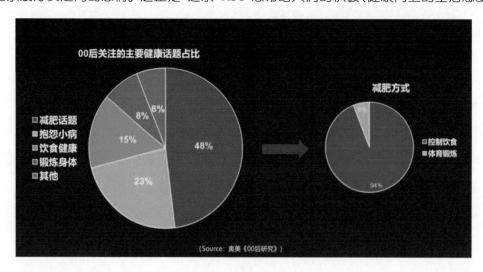

图 5.1　具体调研图表

2. 头脑风暴

交互 APP 设计想法——从"追求"入手,围绕"追求"一词展开关键词联想,画出联想示意图,如图 5.2 所示。设计的目标就是能用一款 APP 简单、方便地记录每个人的运动状况,来形成个人的身体健康数据和身体各个部位的锻炼状况,针对每个用户的身体状况给出对应的健康指导。通过新的方式,形成一个人与物、人与人相连,能够信息化、远程管理控制的智能化的 APP 软件。

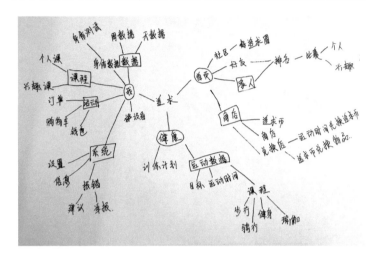

图 5.2　交互 APP 联想示意图

3. 信息架构(思维导图)

对根据"追求"得出的众多关键词进行分析、比对、排列,按序画出信息架构图,如图 5.3 所示。

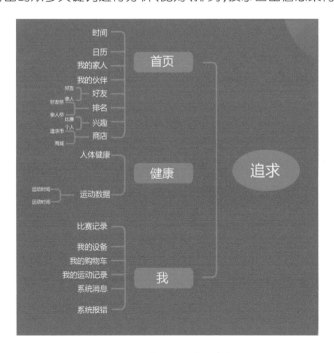

图 5.3　"追求"APP 信息架构图

4. 成型标志设计

展开视觉设计、图标设计。"追求"APP 通过收集人们的运动信息,为人们提供精确的身体健康数据。根据"追求"名字本身进行延展,从英文 crave 和"追求"中凝练出所蕴含的含义——追求无极限,来凸显这款 APP 的特色,如图 5.4 所示。

图 5.4 "追求"APP 标志设计

5. 低保真原型设计

采用最常用的纸原型工具,手绘铅笔稿,使用纸张制作出各种交互界面,画出原型,方便快捷,便于修改与构思。

6. 高保真原型设计

采用专业的原型设计软件,进行细节、视觉化的高保真原型设计,如图 5.5、图 5.6 所示,其目标是能够让测试者全面体验、感受、评测最终模型方案。

7. APP 交互设计

采用专业的原型交互设计软件,进行交互细节、交互体验的高保真原型交互设计,其目标是能够让测试者全面体验、感受该 APP 交互设计的最终模型方案,如图 5.7、图 5.8 所示。

8. 交互设计测试

进入最后阶段,测试时可以画出故事板,以便于介绍"追求"APP 的优势与便利性,反复迭代评论、修改,确定最终项目完成方案。

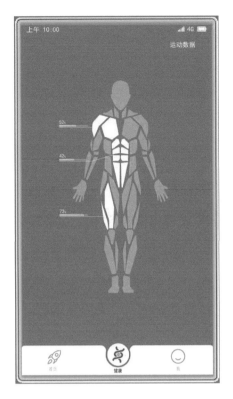

图 5.5　高保真原型设计图一

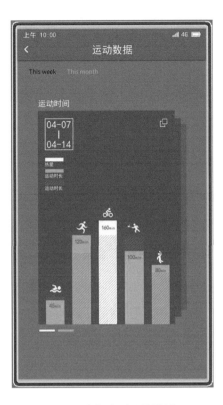

图 5.6　高保真原型设计图二

图 5.7　交互设计图一

图 5.8　交互设计图二

交互设计案例 2——"开启超市新时代"交互融媒体 H5 设计

设计流程如下。

1. 调研报告

京东便利店是京东"无界零售"的线下落地实体,现已铺遍全国,并在机场、火车站、高速公路服务区、校园等各个区域全面开花。对加盟的门店而言,京东便利店是让事业升级的好项目。通过改造门店形象、输送精选货源、提供运营指导、接入智能设备、发展增值业务(便民服务),普通门店加盟京东便利店后收入和利润显著提升。

对消费者而言,京东便利店构筑的"零售即服务"生态,满足了他们"半小时生活圈"内的日常生活所需,不只提供精品好货(到店购买、线上下单均可),还能维修、打印、洗衣、取包裹,承包一天的大小事务,成为他们的"生活支点"。

2. 头脑风暴

交互融媒体 H5 设计想法——从京东便利店开启超市新时代的特点入手,围绕"新时代"一词展开关键词联想,画出联想示意图。

3. 信息架构(思维导图)

针对根据"新时代"得出的众多关键词进行分析、比对、排列,按序画出信息架构图。

4. 图标及插画设计

针对"开启超市新时代"的 H5 设计进行页面图标及相关插画设计及制作,如图 5.9、图 5.10 所示。

5. 原型设计

采用专业的原型设计软件,进行细节、视觉化的高保真原型设计,其目标是能够让测试者全面体验、感受、评测最终模型方案,如图 5.11、图 5.12 所示。

6. H5 交互动画设计

采用专业的 H5 融媒体交互设计软件,进行交互动画、交互体验的设计,其目标是能够让测试者全面体验、感受该 H5 融媒体交互设计的最终模型方案,如图 5.13、图 5.14 所示。

图 5.9　图标设计

图 5.10　页面插画设计

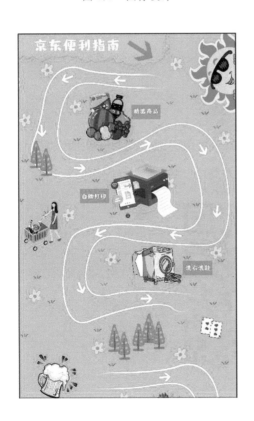

图 5.11　H5 高保真原型设计一

图 5.12　H5 高保真原型设计二

图 5.13　H5 交互动画设计一

图 5.14　H5 交互动画设计二

7. H5 融媒体交互设计测试

进入最后阶段,测试时已经做出来的 H5 融媒体交互设计,更容易介绍其优势与便利性,反复迭代评论、修改,确定最终项目完成方案。交互设计测试网址及交互设计预览二维码如图 5.15 所示。

图 5.15　H5 交互设计测试、预览二维码

第二节
基于交互设计的网页制作

一、交互网页设计制作的流程

(1)分析网页的功能,将网页所有的功能在文档中体现(网页设计草图方案);

(2)分析网页的设计主题,选择符合网页主题的信息架构(思维导图);

(3)网页菜单、图标及 banner 设计;

(4)网页低保真与高保真原型设计;

(5)网页交互设计及测试。

二、基于交互的网页设计案例——个人网页设计

(1)分析个人网页的功能,将个人网页所有的功能在草图方案中体现出来。

(2)分析个人网页的设计主题,选择符合个人网页主题的信息架构(思维导图),如图 5.16 所示。

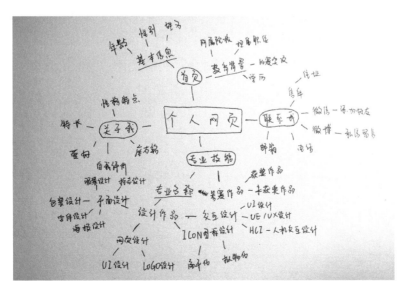

图 5.16　个人网页的信息架构

(3) 网页菜单、图标及 banner 设计。

基于个人网页的功能、设计主题及信息架构来设计个人网页中的菜单、图标及首页使用的

banner,如图 5.17 所示。

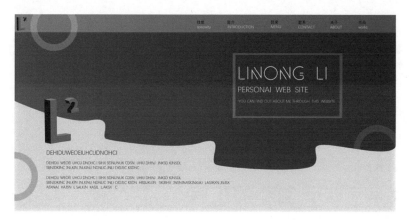

图 5.17　个人网页菜单、图标及 banner 设计

(4)网页低保真与高保真原型设计。

采用专业的原型设计或网页设计软件进行原型设计,其目标是能够让测试者全面体验、感受、评测最终模型方案,如图 5.18、图 5.19 所示。

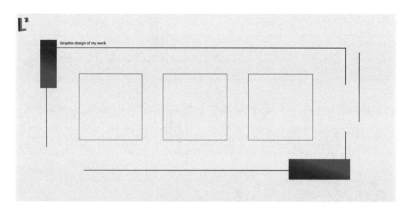

图 5.18　个人网页低保真原型设计

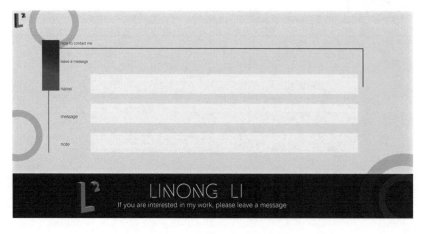

图 5.19　个人网页高保真原型设计

（5）网页交互设计及测试。

个人网页高保真原型设计完成后，网页设计及制作进入交互设计阶段，此阶段使用原型设计软件或者网页设计软件进行交互动画、PC 端或移动端的网页交互设计。完成后对个人网页进行使用测试，在测试时注意首页和分页的交互链接是否通畅、交互响应是否合理。在对个人网页进行反复测试后，完成用户体验的迭代评论及修改，确定最终的个人网页完成方案。个人网页的交互设计可以通过生成测试网址及预览二维码来进行测试及用户体验。

本 章 小 结

本章重点阐述了交互 APP 网页设计与 H5 融媒体设计的设计流程及案例操作过程。目前移动端交互网页设计不仅能够刺激和吸引更多用户，更能够增强用户体验感及提高使用效率。学习本章节内容时应注重实际运用环节。

Jiaohu Wangye Sheji

第六章

交互网页设计艺术与赏析

第一节
优秀网页设计展示

一、交互网页设计类优秀案例

交互网页设计类优秀案例如图 6.1、图 6.2 所示。

图 6.1　餐饮类交互网页设计(素材采于 http://www.ccdol.com)

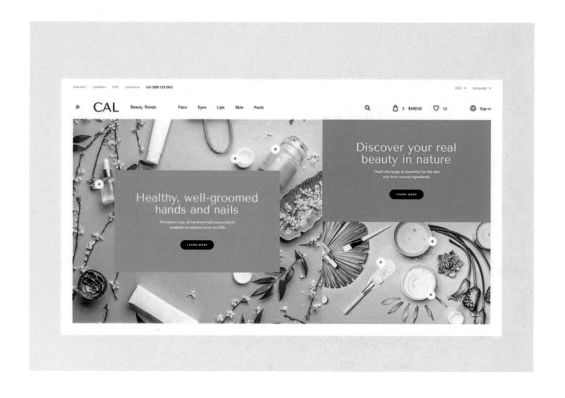

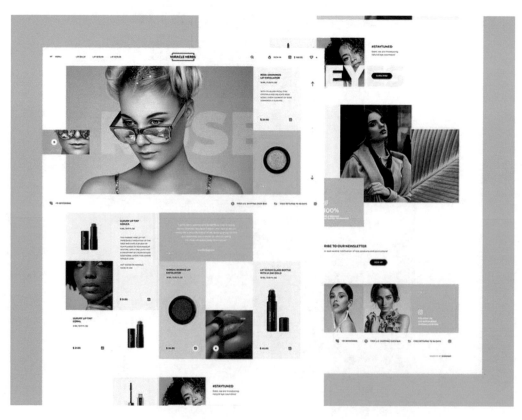

图 6.2　快消品类交互网页设计(素材采于 http://www.ccdol.com)

二、H5 融媒体设计类优秀案例

作品名称:《娱乐圈画传 2018》(见图 6.3)。

作品来源:http://www.sohu.com。

图 6.3 《娱乐圈画传 2018》融媒体交互设计截图   预览二维码

作品名称:《爱的三行情画》(见图 6.4)。

作品来源:https://www.h5anli.com/cases/201909/shqh.html。

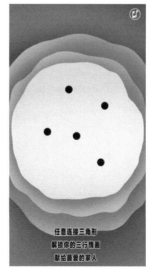

图 6.4 《爱的三行情画》融媒体交互设计截图   预览二维码

作品名称:《易起回家,年味大巴》(见图 6.5)。

作品来源:https://www.iguoguo.net/2019/127194.html。

图 6.5 《易起回家,年味大巴》融媒体交互设计截图　　　　预览二维码

作品名称:《你的哲学气质》(见图 6.6)。

作品来源:https://www.h5anli.com/cases/201811/shijiezhexueri.html。

图 6.6 《你的哲学气质》融媒体交互设计截图　　　　预览二维码

第二节
交互网页设计获奖作品展示

作品名称:《千年食谱颂》(见图 6.7)。

作者:许奎、朱泽天、聂君贤。

指导教师:曹世峰。

图 6.7　《千年食谱颂》部分截图　　　　　　　　　　　　　预览二维码

作品名称:《藤娇的梦想》(见图 6.8)。

作者:童蒙。

指导教师:曹世峰。

图 6.8　《藤娇的梦想》部分截图　　　　　　　　　　　　　预览二维码

作品名称:《趣味旅行》(见图 6.9)。

作者:甘一环。

指导教师:曹世峰。

图 6.9　《趣味旅行》部分截图　　　　　　　　　　　　预览二维码

作品名称:《一起去旅行》(见图 6.10)。

作者:聂君贤、许奎、张许文。

指导教师:曹世峰。

图 6.10　《一起去旅行》部分截图　　　　　　　　　　预览二维码

作品名称:《开启超市新时代》(见图6.11)。

作者:张城铭、王依琳、费彦朝。

指导教师:曹世峰。

图 6.11 《开启超市新时代》部分截图　　　　　　　　预览二维码

作品名称:《童年的记忆》(见图6.12)。

作者:高倩、王依琳、张城铭。

指导教师:曹世峰。

图 6.12 《童年的记忆》部分截图　　　　　　　　预览二维码

附　录
优秀交互网页设计站点

（一）交互响应式网页设计

https：//watson. la

http：//enochs. co. uk

https：//www. layervault. com

http：//createdm. com

http：//morehazards. com

https：//area17. com

http：//www. sasquatchfestival. com

http：//www. gatorade. com

（二）扁平化网页设计

https：//www. barrelny. com

http：//builtbybuffalo. com

http：//www. concrete－matter. com

https：//www. studioswine. com

http：//www. shegy. nazwa. pl/themeforest/superb/violet/♯home

http：//wistia. com

http：//ivang－design. com/creatrix/parallax

（三）风格化网页设计

http：//www. kellyshaw. co. uk

http：//danielfiller. com

http：//microarts. com

http：//www. skullcandy. com/supremesoundjourney http：//www. xn——knstleragentur-thringen-cpcq. de/de

http：//www. code42. com

http：//wondersauce. com

http：//www. whoanellycatering. com

http：/daguia.com.br

(四)融媒体 H5 网页设计

https：//www.mugeda.com

https：//www.iguoguo.net

https：//www.uisdc.com

https：//www.zcool.com.cn

http：//www.eqxiu.com/h5.html

http：//test-beta.ih5.cn

https：//www.epub360.com

http：//maka.im

参考文献
References

[1] 刘春茂. 网页设计与网站建设案例课堂[M]. 2 版. 北京：清华大学出版社，2018.

[2] 杜慧，李世扬. 网页设计(DW/FL/PS)从新手到高手[M]. 北京：北京日报出版社，2016.

[3] 凤凰高新教育. 案例学——网页设计与网站建设[M]. 北京：北京大学出版社，2018.

[4] 姜鹏，郭晓倩. 形·色——网页设计法则及实例指导[M]. 北京：人民邮电出版社，2017.

[5] 谢思靖，安维堂. 全能网页设计师精炼手册[M]. 北京：清华大学出版社，2017.

[6] 杨继萍. 网页设计与网站组建标准教程(2018—2020 版)[M]. 北京：清华大学出版社，2018.

[7] 赵增敏. 移动网页设计(基于 jQuery Mobile)[M]. 北京：电子工业出版社，2017.

[8] 陈根. 交互设计及经典案例点评[M]. 北京：化学工业出版社，2016.

[9] [美]James Kalbach. 用户体验可视化指南[M]. UXRen 翻译组，译. 北京：人民邮电出版社，2018.

[10] [美]Andy Pratt，Jason Nunes. 交互设计：以用户为中心的设计理论及应用[M]. 卢伟，译. 北京：电子工业出版社，2015.

[11] 王涵. 视界·无界 2.0[M]. 北京：电子工业出版社，2019.

[12] [美]Alan Cooper，Robert Reimann，David Cronin，等. About Face 4：交互设计精髓[M]. 倪卫国，刘松涛，薛菲，等，译. 北京：电子工业出版社，2015.

[13] 顾振宇. 交互设计——原理与方法[M]. 北京：清华大学出版社，2016.

[14] 由芳，王建民，肖静如. 交互设计——设计思维与实践[M]. 北京：电子工业出版社，2017.

[15] 刘津，李月. 破茧成蝶——用户体验设计师的成长之路[M]. 北京：人民邮电出版社，2014.